從簡單洋裁×袋物×拼布

學會30款壓布腳操作技巧

30 kinds of presser feet

全圖解 新手&達人必備

壓布腳縫紉全書

從簡單洋裁╳袋物╳拼布學會30款壓布腳操作技巧

全臺最大縫紉才藝中心
臺灣喜佳公司◎著

董事長序

讓壓布腳——帶您暢遊縫紉世界
學會了縫紉變得隨心所欲——更有樂趣！

　　長期以來喜佳公司一直期望扮演著「縫紉樂趣的創造者」，不斷地提出創新的縫紉主張及技法，也將各種最新、最豐富的商品資訊即時提供給喜愛縫紉的朋友們，讓彼此能隨時隨地在縫紉的世界裡，共同學習及快樂成長！

　　喜佳代理brother品牌縫紉機已有十九年之久，除了平日提供賞車及鑑賞活動外，更規劃許多的課程來帶動縫紉的學習，我們相信操作自如地使用縫紉機更能將創意表達在作品上，使其更加出色，生活亦更滿足快樂！

　　相信很多擁有縫紉機的客戶，除了課堂上的教學外，對於縫紉的壓箱寶——「壓布腳」，應該真的只是收藏保管，而大多疏於運用，有感於此，喜佳理當有責任要教導大家成為縫紉世界的創意領航者！

　　本書特別感謝雅書堂文化對於投入縫紉市場的努力及配合，也感謝喜佳三位資深專業的陳玉玲老師、鍾國蘭老師及李潔萍老師，透過她們的精心設計和清楚步驟圖解，一一教導大家輕鬆學會縫紉機的安裝、使用及效果運用，不論是袋物、壁飾，甚至是洋裁，能更安心且充分發揮壓布腳的功能及針趾特色，達到事半功倍的效果，相信能帶給讀者更多對於使用上的

正確知識以及更多創意靈感的激發，讓您的縫紉機不只是直線車縫而已，而能以更多不同的面貌呈現在作品上凸顯縫紉機的價值感與樂趣！

　　相信它會是一本能協助各位反覆練習的縫紉壓布腳工具書，讓壓布腳──帶您暢遊縫紉世界，學會了「縫紉變得隨心所欲」更有樂趣！

臺灣喜佳股份有限公司　董事長

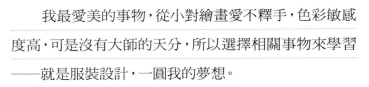

作者序
以針趾圓美夢

我最愛美的事物，從小對繪畫愛不釋手，色彩敏感度高，可是沒有大師的天分，所以選擇相關事物來學習——就是服裝設計，一圓我的夢想。

自從進入喜佳後當了十四年才藝老師，經常碰到同樣一個問題—大家新購縫紉機後對於隨機附送之壓布腳、相關實用型或特殊功能之壓布腳，在使用上總不能隨心所欲運用，並創作出自己想要的感覺。一直以來，深感有需要屬於「壓布腳」之教科書，隨時可提供我們正確使用「壓布腳」之相關知識。

有幸喜佳給我這個機會，把「壓布腳」之功能及運用，可以很詳細、清晰的呈現。使喜愛手作、洋裁、拼布者有所參考；忘記或不會操作時，可隨時翻閱，跟著步驟操作，彷彿有一位老師在身邊，以後就不會再為作品作到一半望著「壓布腳」興嘆了！

各種壓布腳有其各種功能，可運用在作品上，讓您的作品呈現更美麗、更實用，讓您在製作作品時，更方便、更快速。如何運用，本書有詳細地解說，不僅是拼布運用它，在手作及洋裁也可以運用各種壓布腳。

感謝喜佳對個人的肯定，能把我的專業知識傳遞給大家，更感謝為這本書辛勞催生的同事及編輯們，及為我默默付出的家人與朋友。

學歷：實踐大學服裝設計系畢
現任：臺灣喜佳台北縫紉生活館
　　　資深專任老師
　　　教學資歷十四年
專長：洋裁製作及拼布創作

作者序

愉悅‧幽默，愛車‧拼

　　我是個標準的眷村小孩，對縫紉的第一印象是母親的心愛嫁妝——「腳踏的古董縫衣機」，但卻只能遠觀不可褻玩焉！

　　我跟一般眷村姑娘一樣是外省爸爸的掌上明珠，對於興趣永遠可以「自由發展」，高中時就與縫紉結下永遠的姻緣。

　　婚後因為對縫紉的熱愛開始對「拼布」產生濃厚的興趣進而投身進入這份工作。在課堂上我喜歡開心的氛圍，所以我總是用最幽默的方式講課。但這不代表我對拼布的要求就少了點。

　　「拼布」對多數人來說是困難的，但就我認為「就是因為困難，才會帶來無限的樂趣及成就」。

學歷：中壢家商服裝設計科畢
經歷：臺灣喜佳縫紉第一屆機縫講習師資班畢
現任：臺灣喜佳桃竹區才藝中心主任
　　　教學資歷十五年
專長：洋裁製作及拼布創作

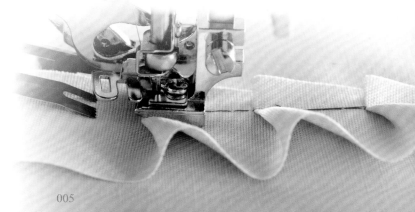

學歷：樹德女子高級家事學校畢
　　　登麗美安服裝研究班畢
　　　永漢教室中級班
經歷：臺灣喜佳縫紉師資第一屆講師
　　　臺灣喜佳派駐馬來西亞講師
　　　台弟公司培訓師資講師
　　　教學資歷二十年以上
現任：南區才藝中心副理
專長：洋裁製作及拼布創作

作者序

與你分享不簡單的針線美

「色彩繽紛的布料依偎在縫紉機的懷裡，針和線隨著規律的節奏，縫製出不可思議的花樣，當樂聲結束，針趾停止，布料透過魔法成了一件件充滿創意的作品。」

縫紉是一項極其有趣的事情，它可以是工作，也可以是興趣；它可以只需要簡單的針法，也可以用到複雜多變的技巧；它可以是技藝的發揮，也可以是創意的展現；除了專業的縫紉機，及功能不同的壓布腳的運用，讓作品擁有神奇的創作力。所謂「工欲善其事，必先利其器」，縫紉機與壓布腳的巧遇就從這本書，將我多年來的經驗及創作感想，一個一個步驟一一呈現。

我和縫紉的結緣很早，但能讓我悠遊在縫紉的天地裡，恣意揮灑人生的色彩是在喜佳的時光。進入喜佳公司已十八年，歷練過許多職務，公司所舉辦的比賽、展覽及各種活動無役不與；公司的作品開發設計或課程規劃，我都親自參加；各種課程的教學，我都站在第一線和學生互動。在這一生中，非常幸運因為有喜佳公司的栽培和自己對縫紉的熱忱，讓我獲得不少成就，在此也要對這本《壓布腳縫紉全書》幕後的工作夥伴說聲謝謝，但更重要的是我認識了許多志同道合的好朋友，進而成為一輩子相知相惜的知己。

很感謝范董事長的鼓勵和喜佳學員的支持，讓我有機會參與本書的編寫，更希望藉由本書的導引，從中學習更多壓布腳的知識與技巧，帶領更多愛好「縫縫補補」的朋友們，進入縫紉的國度：徜徉拼布的花海，探訪洋裁的城堡，也翱翔在手作的無垠天際裡。

CONTENTS

P.002　董事長序
讓壓布腳——帶您暢遊縫紉世界
學會了縫紉變得隨心所欲——
更有樂趣！……范漢城

P.004　作者序
以針趾圓美夢……陳玉玲

P.005　作者序
愉悅‧幽默，愛車‧拼……鍾國蘭

P.006　作者序
與你分享不簡單的針線美……李潔萍

PART 1
30款壓布腳 超詳細圖解……張維軒

P.014　A‧實用型壓布腳
P.018　B‧裝飾型壓布腳
P.024　C‧拼布型壓布腳
P.030　縫紉機的各部位名稱與功能

PART 2
A‧縫紉手作

P034　隨身側背三用包……陳玉玲
P.042　夏威夷防水托特包……陳玉玲
P.048　小筆電收納包……鍾國蘭
P.052　高原女孩肩背包……李潔萍
P.060　巧巧便當袋……鍾國蘭
P.064　可愛小熊口金包……李潔萍

B‧簡單洋裁

P.072　簡易直筒上衣……李潔萍
P.078　瀟灑夏日兩用衫……鍾國蘭
P.084　甜心短褲……陳玉玲
P.090　水玉點點上衣……李潔萍
P.096　Lace百搭背心……鍾國蘭
P.100　仿兩件式上衣……陳玉玲
P.106　V領單件洋裝……李潔萍
P.112　羅曼史短裙……鍾國蘭

C‧機縫拼布

P.118　Flower手提袋……陳玉玲
P.126　刺繡草莓手提包……李潔萍
P.134　菱格紋斜切事務包……鍾國蘭
P.140　綠野仙蹤肩背包……陳玉玲
P.148　曼波舞褶飾提袋……李潔萍
P.158　真情相扣沙發毯……鍾國蘭
P.162　優雅花籃提袋……陳玉玲
P.172　荷蘭鬱金香提袋……李潔萍
P.180　醉漢之路的奇想……鍾國蘭

Sewing & Quilt

PART 1

30款壓布腳超詳細圖解

壓布腳種類繁多，該如何選用是一大課題，

本書精選30款壓布腳，將種類分為實用型、裝飾型與拼布型三大類，

藉由詳細介紹讓新手也能輕鬆學習。

每款壓布腳都有其專屬用途，並擁有不同面貌，

從裝上壓布腳的那一刻，美好的縫紉旅途即將展開。

本單元壓布腳示範機型為brother NX-250、QC-1000
為清楚呈現壓布腳車縫效果，
本單元將車縫後之效果置於壓布腳前方。

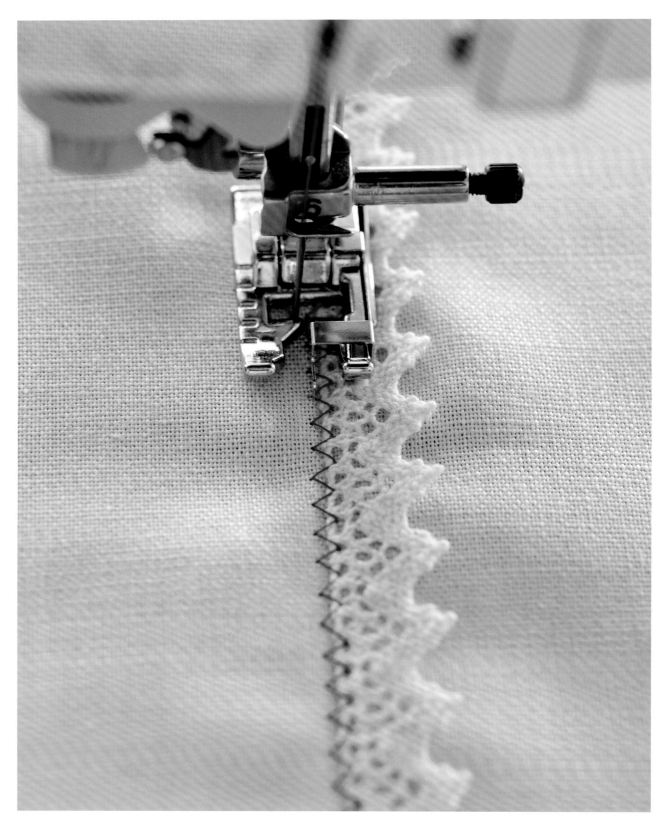

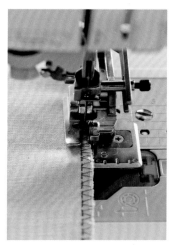
A · 實用型

B · 裝飾型

C · 拼布型

本單元示範老師　**張維軒**

現職
臺灣喜佳股份有限公司　縫紉機發展中心商品推廣組組長

經歷
實踐大學推廣中心服裝設計基礎班
喜佳縫紉機訓練講師
喜佳刺繡講習講師
喜佳公司刺繡俱樂部執行長
高雄樹德科大刺繡研習班講師

A · 實用型壓布腳

1/4″ 直線縫份壓布腳

主要用於縫份對齊車縫。

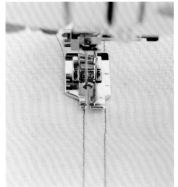

將布邊對齊壓布腳右（左）側邊緣，即可車縫出6.5（3.2）mm的縫份。
換裝此壓布腳時，僅能選用直線中針位花樣。

》手作● 拼布● 洋裁●
》brother NX-250

導縫壓布腳

車縫時輔助布料縫份對齊。

車縫過程中，將基準線對齊壓布腳前端導縫刻度板，即可輕鬆車縫出等距縫份。

》手作● 拼布● 洋裁●
》brother NX-250

1/4″ 直線縫份（附導板）壓布腳

用於縫份對齊車縫。

將布邊對齊壓布腳右側導板，即可輕鬆車縫出6.5mm 的縫份。
換裝此壓布腳時，僅能選用直線中針位花樣。

》手作● 拼布● 洋裁●
》brother NX-250

✂ 捲邊壓布腳7mm

運用於布料邊緣的捲邊車縫,如手帕邊、袖口邊……等,可車縫直線或鋸齒縫變化。適用於寬幅7mm機型(本書示範機型皆可使用)。

將布料邊緣塞入壓布腳中間的捲邊金屬片,即可車縫出捲邊效果。

👑 》手作● 拼布○ 洋裁●
🪡 》brother NX-250

✂ 可調式滾邊壓布腳

可直接於布料邊緣車縫滾邊條。

依需要製作的滾邊條寬幅,調整右側的導板。

👑 》手作● 拼布○ 洋裁●
🪡 》brother NX-250

✂ 皮革壓布腳

底部具有特殊材質貼片,可讓壓布腳在車縫時更輕鬆順暢。

👑 》手作● 拼布○ 洋裁●
🪡 》brother NX-250

用於車縫皮革、防水布料或尼龍布……等光滑不易車縫的材質。

POINT
車縫時,因皮革質地較脆弱易破損,起始與結尾請勿回針,應將線頭拉長於背面打結固定,也盡量避免拆線。

✂ 滾輪壓布腳

適用於車縫平滑布料如塑膠布、防水布、尼龍布、天鵝絨……等。

滾輪裝置可減少壓布腳壓痕,讓皮革及塑膠布表面更完美而不起皺。安裝此款壓布腳需拆卸腳脛唷!

》手作● 拼布○ 洋裁●
》brother NX-250

✂ 可調式拉鍊壓布腳

用於車縫拉鍊或固定包繩……等。

放鬆壓布腳後方的螺絲,即可左右移動並調整拉鍊壓布腳的位置。安裝此款壓布腳需拆卸腳脛唷!

》手作● 拼布● 洋裁●
》brother NX-250

✂ NX系列裁邊器

使用裁邊器可以同時修剪布料與拷克布邊。

壓布腳右側有裁刀裝置。
最厚約可裁切13層的丹寧布。

》手作● 拼布○ 洋裁●
》brother NX-250

隱形拉鍊壓布腳

用於車縫隱形拉鍊的壓布腳。

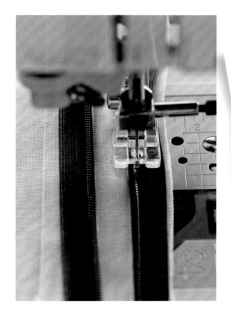

POINT

換裝此壓布腳時，記得僅能選用直線中針位花樣。

選用中針位花樣，車縫時將壓布腳邊緣對齊拉鍊邊緣。

》手作○ 拼布○ 洋裁●
》brother NX-250

車縫導引板

用於調整和固定車縫時的縫份。

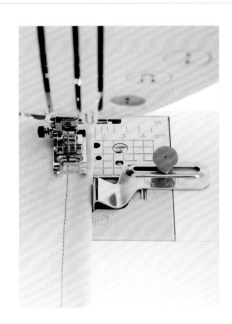

只需要將導引板安裝在針板上並調整位置，將布邊緊靠導引板，即可輕鬆車縫出需要的縫份。

》手作● 拼布● 洋裁●
》brother NX-250

B · 裝飾型壓布腳

裝飾線壓布腳（3 孔）

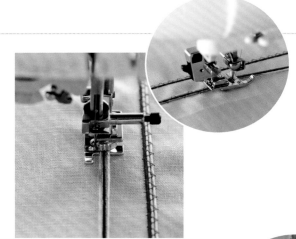

裝飾線壓布腳（5 孔）

裝飾線壓布腳（7 孔）

用於布料上車縫裝飾性的車線或細繩（如較粗的彩色車線或棉繩），依壓布腳孔數可同時車縫1至3條、1至5條或1至7條裝飾繩。

》手作● 拼布● 洋裁●
》brother NX-250

串珠壓布腳

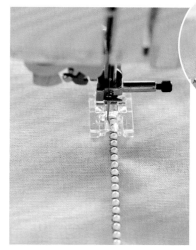

主要用於車縫串珠或水鑽鍊等裝飾，讓布作更具特色風味，但須注意裝飾鍊直徑不得大於4mm。

車縫串珠：縫紉機花樣設定04（密針縫）。 04

車縫包繩❶：將對摺的包繩布置於壓腳右側，中間放入棉繩再沿棉繩右側以直線車縫。

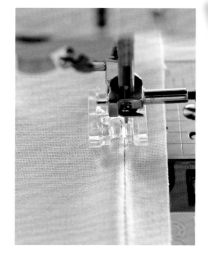

POINT

運用串珠縫壓布腳車縫包繩，不僅方便，效果也很美觀。

車縫包繩❷：將表布與裡布中間夾車包繩布，車縫時保持棉繩置於壓布腳中央點，並將針位往左調0.1mm。

》手作● 拼布● 洋裁●

》brother NX-250

布邊接縫壓布腳

車縫蕾絲：運用鋸齒縫花樣即可快速拼接蕾絲。

主要用於快速接縫兩片布料，或於布邊快速車縫裝飾帶或蕾絲。只需對齊壓布腳中間的導引板，即可輕鬆接縫裝飾帶或蕾絲，亦可車縫包邊縫及褶飾縫。

製作包邊縫：適用於薄布料包邊處理，如荷葉邊或衣服下襬等，將布料置於壓布腳導版左側，燭蕊線或粗棉線置於導版右側，以鋸齒縫花樣車縫拼接。

》手作● 拼布● 洋裁●
》brother NX-250

裝飾帶壓布腳

用於車縫裝飾性裝飾帶或緞帶布條（如水兵帶或亮片……等），可車縫寬幅5mm以下的裝飾帶。

縫紉機設定：花樣04，　04　可依需求調整針趾密度。

》手作● 拼布● 洋裁●
》brother NX-250

褶飾縫壓布腳7mm

POINT
若搭配單孔透明蓋板及粗棉繩即可車縫出更立體的褶飾效果。

可車縫出立體褶飾效果，調整線張力，配合雙針，利用壓布腳底部7道溝槽，輕輕鬆鬆就能車縫一道道完美褶飾。

縫紉機設定：線張力調緊，約調整至6至8（正常設定為4至5）。

》手作● 拼布○ 洋裁●
》brother NX-250

皺褶壓布腳

主要是用於車縫皺褶。
調緊線張力,即可輕鬆
的一邊接合縫紉,同時
形成皺褶,十分便利。
安裝此款壓布腳需拆卸
腳脛唷!

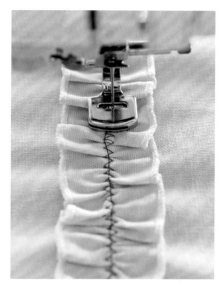

縫紉機設定:線張力6至9。

》手作● 拼布○ 洋裁●
》brother NX-250

打褶器(日製)

使用打褶器,可以很容易地在薄布
料和普通厚度的布料上製作皺褶
(如荷葉邊……等)。更可依需求
調整車縫之褶深與褶數。

將布料放置於壓布腳送布板上,若布料較
薄可運用厚紙輔助固定。

》手作● 拼布○ 洋裁●
》brother QC-1000

打褶器（台製）

將布料放置於壓布腳送布板
上，若布料較薄可運用厚紙輔
助固定。

》手作● 拼布○ 洋裁●
》brother NX-250

功能與日製相同，但安裝方式不
同，請依個人喜好選擇。安裝此款
壓布腳需拆卸腳脛唷！

POINT

皺褶間隔共分4種：間隔
12、間隔6、間隔1、無間
隔☆。

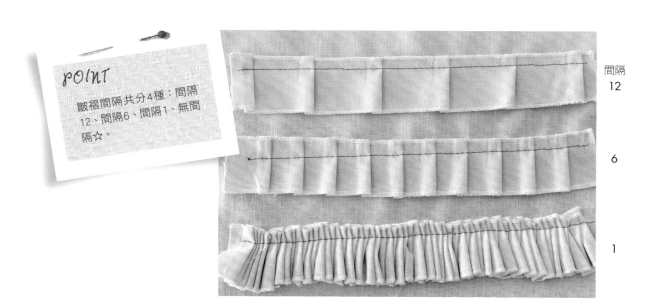

間隔
12

6

1

圓弧繡花器

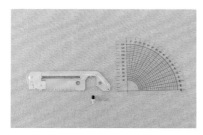

選擇實用性針趾或裝飾性針趾花樣，
運用固定針及圓弧定規板，即可輕鬆於
布料上車縫出完美的圓形。

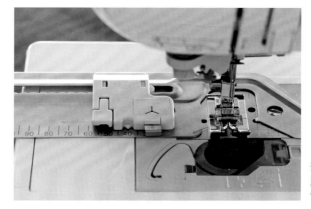

搭配各式壓布腳
即可呈現出更豐
富的花樣。

圓弧半徑可調整30至130mm範圍。

》手作● 拼布● 洋裁●
》brother NX-250

C · 拼布型壓布腳

前開式密針縫壓布腳7mm

可車縫裝飾性針趾、密針繡和貼布繡……等花樣。

壓布腳上有紅色刻度及前緣開口，車縫時可輕易看見針趾，縫紉更精準。

》手作● 拼布● 洋裁○
》brother NX-250

POINT
僅適用於前進花樣，若是使用 SS 花樣（進二退一的花樣例如：三重直線縫、羽狀縫），花樣將容易變形。

前開式均勻送布壓布腳7mm

用於車縫難以控制（例如舖棉）布料或材質。

送布腳架與針留銜接住。前緣開口處有紅色刻度可清楚看見車縫針趾。安裝此款壓布腳需拆卸腳脛唷！

》手作○ 拼布● 洋裁○
》brother NX-250

均勻送布壓布腳7mm

用於車縫難以控制或多層組合的布料或材質（如舖棉或人造皮……等）。此款無前緣開口設計。

壓線導縫器

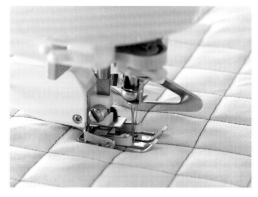

專為搭配均勻送布壓布腳7mm使用，主要用於舖棉壓線時的縫份對齊。

將縫份對準基準線，即可車縫出等距的縫份。

 》手作○ 拼布● 洋裁○
》brother NX-250

曲線壓布腳7mm

POINT
此壓布腳使用重點完全以手控為主，建議初次操作須先試車縫，並多加練習，針趾及圖形以均勻分配效果較佳。亦可運用此壓布腳輕鬆於圖樣邊緣壓縫，效果事半功倍。

主要是用於車縫拼布的自由壓線與手動繡花。

透明的壓布腳設計，讓使用者在壓線或繡花時，能清楚地看見針趾，掌握布料移動的方向。安裝此款壓布腳需拆卸腳脛唷！

 》手作● 拼布● 洋裁○
》brother NX-250

◤ 波紋壓線壓布腳

主要用於車縫拼布的自由壓線。
可縫製出波紋效果。

可依循貼布之輪廓,利用壓布腳內的圓形標記,車縫出如漣漪般一圈一圈的等距線條效果,常運用於夏威夷拼布。安裝此款壓布腳需拆卸腳脛唷!

POINT
圓形透明標記上標有波紋線條,操作時只需要將線條與車線對準車縫,則容易車縫成等距波紋效果。

運用壓布腳圓形標記,車縫等距之線條。

👑 》手作○ 拼布● 洋裁○
🪡 》brother QC-1000

直線壓線壓布腳

用於車縫拼布的自由壓線（水草形壓線）。

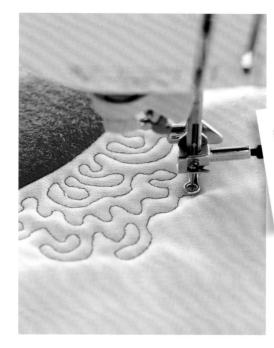

POINT
多練習才能熟能生巧喔！

小巧的尺寸，讓使用者在壓線時，能清楚看見車縫針趾，掌握目前的針趾走向，推送布料更容易。安裝此款壓布腳需拆卸腳脛唷！

POINT
僅可選用直線中針位花樣。

水草形壓線。

》手作○ 拼布● 洋裁○
》brother NX-250

⟡ 前開式曲線壓布腳7mm

主要用於車縫拼布的自由壓線與手動繡花。

壓布腳前緣開口,讓車縫更便利。相較於曲線壓布腳7mm,此款前緣的開口,讓使用者在壓線或繡花時,能清楚看見針趾,掌握布料移動的方向。安裝此款壓布腳需拆卸腳脛唷!

》手作○ 拼布● 洋裁○
》brother NX-250

拆卸腳脛步驟

❶ 轉鬆腳脛螺絲。

❷ 取下腳脛。

❸ 換上壓布腳。(本部分以均勻送布壓布腳示範)

❹ 扣入腳脛螺絲及針留螺絲,鎖上腳脛螺絲。

❺ 以起子鎖緊螺絲固定。

❻ 完成!

壓布腳保養小知識

1. 壓布腳上若有棉絮殘留或髒污,可能會導致車縫過程不順暢,建議可運用縫紉機配件盒裡的小刷子清潔。
2. 壓布腳若有被車針扎傷,建議立即更換,以免刮傷布料或造成縫紉機損傷。

縫紉機的各部位名稱與功能

1 **線導引板**
當穿上線時,請將線繞過導引板。

2 **捲底線張力架**
當捲底線(梭子)時,必須將線繞進捲底線張力架中。

3 **線輪柱**
將線輪放置於線輪柱上。

4 **上蓋**
打開上蓋即可穿上線與捲底線。

5 **捲底線裝置**
捲底線(梭子)之用。

6 **手輪**
逆時針方向轉動手輪,即可上、下車針,並車縫一針。

7 **操作板**
可用於設定針趾與花樣。

8 **操作鈕與速度控制鈕**
可使用這些按鈕控制縫紉機。

9 **零配件盒**
可存放壓布腳與梭子。車縫筒狀布料時,可將其取下。

10 **切線器**
可將線繞至切線器將線切斷。

11 **自動穿線拉柄**
使用自動穿線拉柄將線穿過針孔。

12 **挑線桿檢視窗**
可透過此檢視窗確認挑線桿位置。

13 **上線張力調整鈕**
使用此鈕可調整上線張力。

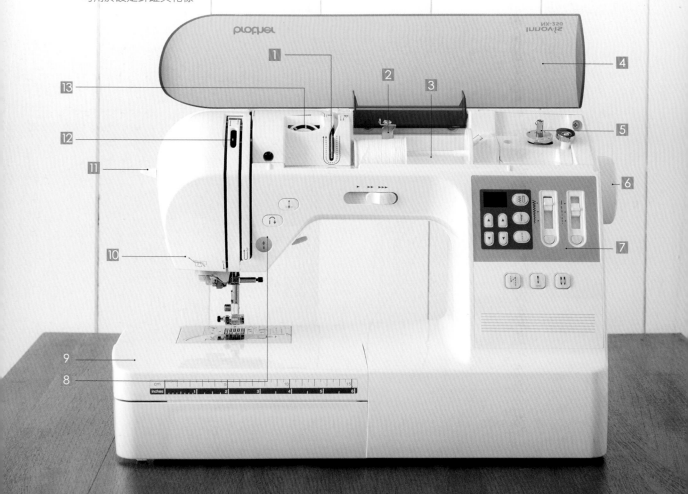

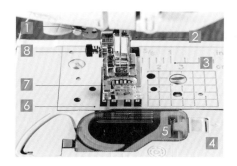

1 開釦眼拉柄
車縫釦眼或重趾縫時，請拉下拉柄。

2 針柱線導引
請將上線穿入針柱導引中。

3 針板
針板上記號可用於車縫直線對齊。

4 針蓋板
取下針蓋板可清潔梭床與梭子。

5 透明蓋板
打開透明蓋板可放置梭子。

6 送布齒
可將布料往縫紉方向推送。

7 壓布腳
固定車縫布料，可依據花樣更換。

8 壓布腳腳脛
將壓布腳安裝於壓布腳腳脛上。

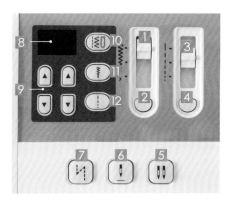

1 2 針趾幅度調整鈕／設定鍵
按壓設定鍵即可滑動幅度調整鈕。

3 4 針趾長度調整鈕／設定鍵
按壓設定鍵即可滑動針趾長度調整鈕。

5 車針模式選擇（單針／雙針）
切換縫紉機單針／雙針模式。

6 停針位置設定鍵
可設定縫紉機停止後，車針位置。

7 自動止針鍵
可於縫紉開頭與結尾處，車縫回針或自動止針以加強固定效果。

8 針趾指示窗
可顯示目前之花樣、幅度、長度。

9 針趾花樣選擇鍵
按壓此鍵選擇需要的花樣編號。

10 針趾號碼顯示鍵
按壓後可顯示目前針趾花樣編號。

11 針趾幅度顯示鍵
按壓後可顯示目前針趾花樣寬幅。

12 針趾長度顯示鍵
按壓後可顯示目前針趾花樣長度。

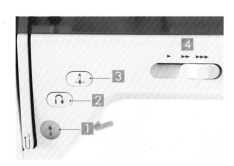

1 手控停動按鈕
按壓手控停動按鈕即可開始或停止縫紉，若按住此鈕時，縫紉機會開始慢速縫紉。此鍵會依縫紉機狀態，變換顯示顏色。
- 綠燈：縫紉機預備好或正在縫紉。
- 紅燈：縫紉機目前無法進行縫紉。
- 橘燈：縫紉機捲底線中，或捲線軸推至右側。

2 倒退縫按鈕（加強縫紉針趾）
按壓此鈕可原地縫紉3至5針，持續按壓則可往反方向縫紉。

3 針位上下調整鈕
按壓此鈕可升起或降下車針，連續按壓2次則會車縫一針。

4 速度控制鈕
滑動速度控制鈕，可調整車縫速度。

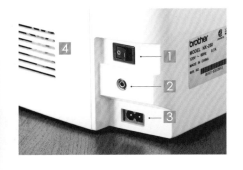

1 主電源開關
切換開關可開啟或關閉縫紉機。

2 腳踏板插孔
須使用腳踏板控制時，請將踏板插頭插入孔中即可使用。

3 電源插座
使用縫紉機前，將電源線插入。

4 換氣孔
換氣孔是為提供縫紉機馬達換氣用，機器啟動時，請勿遮閉換氣孔。

Sewing & Quilt

A · 縫紉手作

實用的布作是初學者最好的第一堂縫紉課，
跟著老師進入手作領域，
一起細細體會布料在手中的溫暖。

隨身側背三用包

作品示範：陳玉玲 老師

以打褶器創造漂亮綯褶，
讓夏威夷的花色更可愛了，
功能性雞眼釦增加袋型變化，
輕鬆擁有三種面貌。

換個可愛的復古印花布也很適合呢！

隨身側背三用包

作品：W34×H38×D9cm

技 巧 重 點

＊多層口袋攜帶方便
將背帶扣於不同雞眼洞
即可隨意變換不同造型

材料準備

表布3尺、配色布1尺、裡布3尺
厚布襯1碼、薄布襯1碼
2.1mm雞眼4個、可調式D型環2個
背帶1條、水兵帶、車線、PE底板
水溶性雙面接著膠帶、拉鍊16cm
20cm、30cm各1條

運用工具

裁切三件組、雞眼工具組、剪刀
尖錐、拆線器、橡膠鎚、橡膠墊

運用壓布腳

導縫壓布腳
打褶器（台灣製）
可調式拉鍊壓布腳

裁布尺寸

表布：
　袋身88×37cm……1片，燙厚布襯
　後口袋24×34cm（一字拉鍊）……1片，燙薄布襯
　前口袋24×34cm……1片，燙24×17cm薄布襯
配色布：
　褶布6×100cm……1片（斜布條）
　拉鍊尾片裝飾布3×6cm……4片
裡布：
　袋身88×37cm……1片，燙厚布襯
　拉鍊口袋35×18cm……2片，其中一片燙薄布襯
　貼式口袋30×30cm……2片，燙15×30cm薄布襯

作法　表袋製作

① 將配色布摺雙，運用打褶器車縫褶布。

② 將完成之褶布固定於表布上。

③ 將水兵帶車縫於貼式口袋布上。

④ 對摺車縫三邊並留一返口，四角剪斜角後翻回正面，於袋口壓0.2cm裝飾線。

⑤ 將貼式口袋布固定於表布一側袋口下17cm處，依喜好車縫隔間。

⑥ 製作一字拉鍊口袋。距袋口18cm處畫一記號。

⑦ 拉鍊口袋布距布邊2cm處畫20.5×1cm之開口框。

POINT
一字拉鍊開口尺寸計算方法
開口寬度為：拉鍊總長（頭尾鐵片距離）＋0.5cm，高度為1cm。

⑧ 如圖示將拉鍊口袋布與表布正面相對，車縫拉鍊框一圈。

⑨ 將拉鍊框剪開如雙Y字形。

POINT
剪開口時，一定要剪到距離邊框0.1cm，翻回正面整燙時會更加平整。

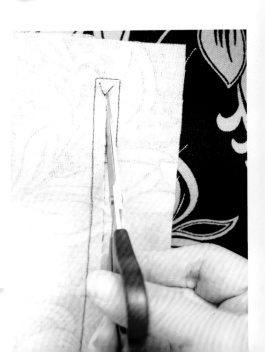

⑩ 將口袋布塞入表
布並整燙。

⑪ 拉鍊以水溶性雙
面接著膠帶黏貼
於拉鍊口。

⑫ 以可調式拉鍊壓
布腳車縫一圈。

⑬ 完成後將口袋
布對摺車縫三
邊即完成。

摺雙

作法　裡袋製作

⑭ 運用水溶性雙面接著膠帶將16cm拉鍊黏貼於裡布拉鍊口袋布，如圖示三層黏貼。

⑮ 以拉鍊壓布腳車縫完成。

⑯ 翻回正面，成一筒狀。

⑰ 將口袋固定於一側裡袋身，袋口下18cm處，拉鍊位置可依喜好調整。

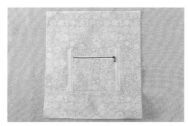

⑱ 於左、右側車縫蕾絲裝飾。

⑲ 裡布貼式口袋製作方法同表布，車縫於裡袋身另一側袋口下方17cm處。

作法　組合

⑳ 將拉鍊尾片裝飾布正面相對，車縫拉鍊外側固定。

㉑ 將拉鍊尾片翻至正面，拉鍊兩端皆同。

㉒ 表、裡布正面相對，夾車拉鍊。可運用水溶性雙面接著膠帶固定拉鍊。

㉓ 車縫完成，如圖示。

㉔ 表、裡車縫側身，於裡布留一返口，將表、裡袋身分別車縫8cm底角。

㉕ 翻至正面，將裡袋放入表袋。

㉖ 袋口壓線0.2cm，表、裡袋底手縫固定，放入PE底板。

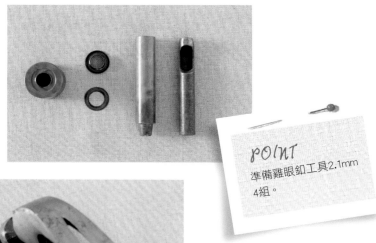

POINT
準備雞眼釦工具2.1mm
4組。

㉗ 運用工具依圖示打洞。

㉘ 運用工具依圖示打上雞眼釦。

㉙ 共完成四個雞眼釦,並將返口以
藏針縫手縫固定,完成。

後片製作一字拉鍊,前片製作貼式口袋(位置依圖示)。

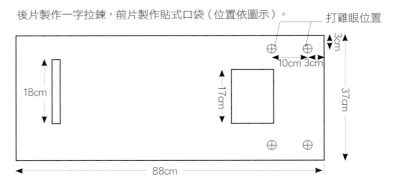

打雞眼位置

3cm

10cm 3cm

18cm

17cm

37cm

88cm

夏威夷防水托特包

作品示範：陳玉玲 老師

防水布與皮革是絕妙的搭配，
只需皮革壓布腳就能輕鬆拼接，
整體防水設計下大雨也不怕囉！

亮麗的花色也很吸晴。

夏威夷防水托特包

作品：W46×H29×D13cm
紙型：原寸紙型B面

技 巧 重 點

以防水布呈現時尚袋物
＊鉚釘運用
＊防水布搭配皮革的運用
與車縫技巧

材料準備

防水布2尺、皮革布1尺、持手1組
側絆釦2組、袋口絆釦1組
0.8mm鉚釘1包、厚布襯1碼
袋物專用襯1尺、薄布襯1碼
裡布3尺、皮革線
水溶性雙面接著膠帶、強力夾
車線、PE底板一片、20cm拉鍊1條

運用工具

裁切三件組、鉚釘工具、橡膠鎚
橡膠墊、皮革針

運用壓布腳

皮革壓布腳
可調式拉鍊壓布腳

裁 布 尺 寸

防水布：
袋身25×50cm……2片，燙厚布襯
口袋22×34cm……2片
皮革布：袋底（依紙型裁剪）……1片
　　　　燙未含縫份袋物專用襯
貼邊：6×50cm……2片
裡布：燙薄布襯
　　　64×50cm……1片
　　　內口袋（拉鍊式）25×36cm……1片
　　　貼式口袋34×34cm……1片
　　　PE底板布36×15cm……1片
皮革滾邊斜布條：
2×100cm……1條（袋口）
2×20cm……4條（口袋）

作法　表袋製作

① 口袋布摺雙，運用皮革壓布腳於
　袋口車縫0.7cm裝飾線。

② 兩側以水溶性雙面膠帶固定皮革滾邊布，完成後車縫於袋身上。

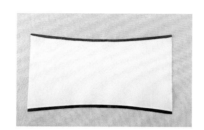

③ 袋底兩側摺入1cm。

④ 將袋底車縫於袋身，壓裝飾線0.2cm。

⑤ 口袋四角以鉚釘裝飾。

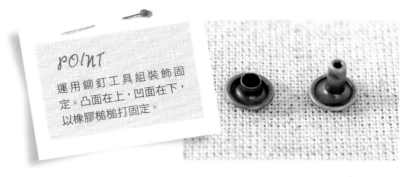

POINT

運用鉚釘工具組裝飾固定。凸面在上，凹面在下，以橡膠槌槌打固定。

⑥ 手縫袋絆釦，共完成表布兩組。

⑦ 接縫側邊，將縫份燙開，並車縫14cm底角。

作法 裡袋製作

⑧ 貼邊布與裡布正面相對車縫 1cm。

⑨ 運用皮革壓布腳於正 面壓0.7cm裝飾線。

⑩ 製作貼式口袋，固定於袋口下 5cm。

⑪ 於袋口下5cm製作一字拉鍊口 袋，並運用可調式拉鍊壓布腳車 縫一圈。

摺雙

⑫ 口袋布對摺車縫三邊即完成。

⑬ PE底板布左、右側摺燙1cm，並壓縫0.7cm，長邊摺燙1cm後直接車縫固定於袋底。

⑭ 裡袋車縫側邊，縫份燙開，車縫底角14cm。

作法 組合

⑮ 表、裡袋身背面相對套入，袋口以皮革布滾邊。

 縫紉機設定：建議皮革滾邊採用花樣5　05

⑯ 於袋口中心左、右各7cm手縫持手。

⑰ 於袋口下3cm手縫側邊絆釦。

⑱ 完成。

小筆電收納包

帶有些許普普風格的筆電包，
用來收納小筆電恰恰好，
快速拼合技巧新手也能輕鬆完成，
讓3C產品也有個溫暖的家吧！

作品示範：鍾國蘭 老師

小筆電收納包

※適用筆電 Eee PC
作品：W30×H21cm
紙型：原寸紙型D面
以QC-1000製作

技 巧 重 點

以圓弧繡花器搭配各式壓布
腳，車縫多變圓型花樣
簡易快速製作筆電收納包
筆電收納包尺寸丈量

材料準備

14號車針、車線
蕾絲雙頭拉鍊35cm、手縫線
金屬光澤線、MOCO繡線
絲質緞帶、刺繡專用底線

運用工具

單膠襯棉、洋裁專用襯
圓弧剪刀、手縫針
18mm滾邊器

運用壓布腳

圓弧繡花器
前開式均勻送布壓布腳
前開式密針縫壓布腳
裝飾帶壓布腳
7孔裝飾線壓布腳

裁 布 尺 寸

筆電包尺寸計算：
寬度=橫向丈量一圈÷2
長度=直向丈量一圈÷2

表布 28×35cm……2片
裡布（依紙型）……2片
滾邊條4×110cm…2條

作法　表袋製作

① 將表布依紙型繪製裁片後與單膠
襯棉+洋裁專用襯三層舖棉。

② 運用圓弧繡花器搭配前開式均勻
送布壓布腳，於其中一片表布依
喜好車縫圓形圖案。

　縫紉機設定：建議使用花樣
為1-07、2-05、2-12、2-17（其
中2-12、1-07、2-05需搭配前開式密
針縫壓布腳使用）。

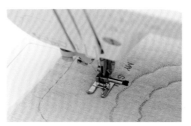

③ 運用前開式密針縫壓布腳繡出
MY SEW MY LIFE字樣。

　縫紉機設定：字體正楷，字型
尺寸為S。

1-07

2-05

2-12

2-17

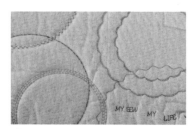

POINT
表、裡布縫份需錯開。

④ 完成其中一片表布之裝飾。

⑤ 於四角製作小褶，依記號線內車縫0.2cm固定，依紙型剪下完成後袋身。

⑥ 裡布作法同表布，取完成之表布與裡布疏縫固定。

⑦ 取花布固定於表袋身上運用前開式密針縫壓布腳車縫直線一道。

⑧ 運用圓弧剪刀修剪多餘布料，運用花樣於布料邊緣壓縫一道。（為使裝飾線與邊緣對齊，修剪布料時，請勿將布料由縫紉機取下）

⑨ 運用裝飾帶壓布腳及絲質緞帶依喜好位置車縫。

 縫紉機設定：建議花樣2-12、2-11。

⑩ 運用七孔裝飾線壓布腳及MOCO
繡線依喜好車縫圓弧。同後袋身
製作修剪。

🧵 縫紉機設定：建議花樣1-14，針
趾幅度5.0；以七孔裝飾線壓布
腳安裝兩條MOCO繡線車縫。 [1-14]

⑪ 運用18mm滾邊器製作滾邊條，
將前後表袋身由反面車縫滾
邊。

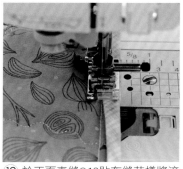

⑫ 於正面車縫Q12貼布縫花樣將滾
邊完成。

🧵 縫紉機設定：針趾幅度1.0，
針趾密度2.0，搭配鏡像功能。 [Q-12]

⑬ 共完成兩片表布。

⑭ 兩片袋身背面相對車縫至止點。

🧵 縫紉機設定：花樣1-05。 [1-05]

⑮ 以手縫回針縫固定拉鍊。

⑯ 拉鍊下方以立針縫固定。

⑰ 完成。

高原女孩肩背包

作品示範：李潔萍 老師

充滿童趣的高原布料，
加以些許手繡讓甜美風格加分，
簡易袋型設計大女孩也很適合唷！

高原女孩肩背包

作品：W34.5×H27×D10cm

紙型：原寸紙型A・B面

技 巧 重 點

❋ 袋身取圖運用
❋ 蕾絲運用
❋ 側身變化
❋ 持手的組合
❋ 包繩的運用

材料準備

高原圖案布1片、素色布2尺

配色布2尺、裡布3尺、厚布襯1碼

洋裁專用襯1碼、細棉繩6尺

蕾絲1包、2.5cm織帶2尺

4cm織帶5尺、鉚釘2組

裝飾皮絆1組、16cm拉鍊1條

燭蕊線2顆、40cm拉鍊1條

運用工具

大剪刀、小剪刀、記號筆、手縫針

刺繡針、指套、錐子、珠針

返裡針、橡膠鎚、裁切三件組

18mm滾邊輔助器、橡膠墊

運用壓布腳

串珠壓布腳

可調式拉鍊壓布腳

導縫壓布腳

拉鍊壓布腳

裁 布 尺 寸

表布

1.取圖案印花布……2片，燙厚布襯四周不留縫份

2.前袋蓋取圖案印花布……2片，燙厚布襯

3.前袋身……2片，燙厚布襯

4.側身……1片，燙厚布襯

5.包繩布3×180cm（斜布條）

6.滾邊布4×15cm（斜布條）

7.耳絆布8×8cm……2片

8.口布7×25cm……2片，燙厚布襯

9.貼邊（依紙型）……2片，燙厚布襯

裡布

1.袋身（依紙型）……2片，燙洋裁專用襯

2.貼式口袋26×40cm……1片，燙洋裁專用襯

3.一字拉鍊口袋20×35cm……1片，燙洋裁專用襯

作法 表袋製作

① 將圖案布以實心點線器壓出一圈記號。

② 以布用口紅膠黏貼縫份。

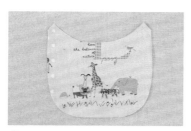

③ 熨燙縫份固定弧度。

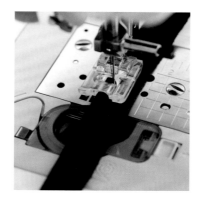

④ 取斜布條與棉繩,運用串珠縫壓布腳製作包繩。

⑤ 運用可調式拉鍊壓布腳將包繩車縫固定於圖案布上。

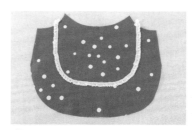

⑥ 以水溶性雙面接著膠帶將蕾絲固定於袋身位置。

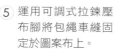

⑦ 將圖案布固定於表袋身蕾絲上方。

⑧ 運用可調式拉鍊壓布腳沿包繩邊緣車縫裝飾線。

⑨ 依喜好手縫刺繡,點綴裝飾。

⑩ 完成前、後片袋身。

⑪ 表袋身正面相對車縫脇邊至止點處回針，縫份燙開。

⑫ 由袋底中心點開始，以強力夾固定一圈，車縫組合完成表袋身。

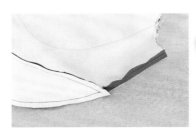

POINT
表袋身與袋底接縫處須成尖角。

作法 裡袋製作

⑬ 拉鍊口布對摺並車縫左、右側0.7cm，翻回正面。

⑭ 將拉鍊口布以水溶性雙面接著膠帶固定於拉鍊上。

⑮ 換裝拉鍊壓布腳，分別車縫0.1cm、0.7cm裝飾線各一道。

⑲ 將貼式口袋布對摺車縫三邊留一返口，翻至正面後於袋口下方加上蕾絲，以布邊接縫壓布腳車縫0.2㎝裝飾線一道固定。

⑯ 於袋口下4㎝處製作一字拉鍊口袋，口袋布與裡布車縫拉鍊框位置一圈，剪開雙Y字後塞入裡布並整燙。

⑰ 貼上拉鍊後，運用可調式拉鍊壓布腳車縫一字拉鍊口袋一圈。

⑱ 口袋布對摺車縫三邊。

20 裡袋底PE底板布左、右側各摺燙1.5cm。

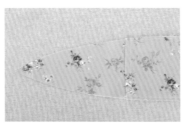

21 正面車縫0.7cm裝飾線，車縫長邊固定於袋底中心（可放入活動式的PE底板）。

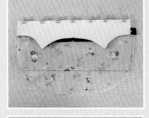

22 貼邊、口布與裡布三層夾車，縫份倒向裡布，並壓0.2cm裝飾線。

23 另一側以相同方式接縫。

24 裡袋身與裡袋底接縫方式與表布相同。

作法 組合

25 將裡袋與表袋背面相對套入，袋口處疏縫一圈固定。

26 取寬2.5cm長24cm織帶夾車袋口。

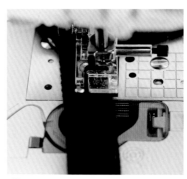

27 取寬4cm長40cm織帶，車縫持手處一圈。

28 取耳絆布對摺車縫，縫份燙開，
完成後以返裡針翻回正面，左、
右車縫0.1cm裝飾線。

29 將耳絆布車縫固定於袋身兩側，
由脇邊起點處下3cm車縫固定，
內側手縫藏針縫。

30 袋蓋布其中一片運用串珠縫壓布
腳車縫U字形固定包繩。

31 兩片袋蓋布正面相對車縫U字形
一圈，並將縫份寬度修剪為一
半。

32 翻至正面壓縫0.2cm裝飾線。

33 取18cm斜布條將袋蓋布上方以
滾邊處理。

34 袋蓋車縫於後袋身，並運用鉚釘
裝飾固定。

35 皮絆釦取長度18cm，左、右側釘
上鉚釘固定於前袋身。

36 完成。

巧巧便當袋

圓形袋底的製作看來不簡單，
運用圓弧繡花器，就能輕鬆車縫，
發揮創意加上保溫保冷襯提升功能性，
帶著餐盒與水果，我們野餐去囉！

作品示範：鍾國蘭 老師

作品：H25×W30cm，袋底直徑22cm
以QC-1000製作

技巧重點

＊不須紙型運用圓弧繡花器，
輕鬆車縫圓形袋底
＊滾邊條運用
＊運用圓弧繡花器透過串珠縫
壓布腳及接著棉芯製作包繩

材料準備

棉麻花布2尺、裡布2尺、單膠襯棉
30cm替換雙頭拉鍊1條
拉鍊裝飾頭1包、滾邊條1包
接著棉芯1包、織帶1尺
洋裁專用襯1碼、亮麗繡線
車線、MOCO繡線

運用工具

剪刀、記號筆、珠針、疏縫針線
手縫針線、裁布工具

運用壓布腳

圓弧繡花器
直線縫份壓布腳
串珠縫壓布腳
3孔裝飾線壓布腳
曲線壓布腳

裁布尺寸

※袋身寬度計算：（袋底直徑長度×3.14）−1.5cm

表布：

持手布 4×30cm……1片

袋身 27×75cm……1片（粗裁）

袋底 25×25cm……1片（粗裁）

裡布：

袋身 25×68cm……1片，燙洋裁襯

袋底 25×25cm……1片（粗裁），燙洋裁襯

作法　表袋製作

① 將市售滾邊條燙開作為斜布條備用。

② 運用小剪刀剪掉一邊。

③ 置入接著棉芯後熨燙，完成包繩。

④ 4×30cm持手布對摺熨燙。

⑤ 將持手布置於織帶上，取兩條MOCO繡線安裝於三孔裝飾線壓布腳，車縫裝飾線，頭尾滾邊處理。

POINT
為使裝飾線更清楚呈現，本作品將酒紅色繡線更換成紫色。

⑥ 運用曲線壓布腳於袋身27×75cm隨意拉出花紋壓線。 完成後修裁為25×68cm。

⑦ 袋底25×25cm每隔3cm以直線縫份壓布腳車縫斜紋裝飾線。

⑧ 以直線縫份壓布腳車縫第二條裝飾線，完成正方格紋壓線。

⑨ 運用圓弧繡花器取袋底中心，將包繩固定於半徑10.5cm袋底起點，以串珠縫壓布腳車縫一圈。

縫紉機設定：針趾幅度7.0，針趾密度5.0。

⑩ 將尾端反摺1cm，接合包繩。

⑪ 正面完成袋底。

⑫ 將袋身接合成一圓筒狀，縫份倒向左、右側，以捲針縫處理。

⑬ 運用圓弧繡花器接合袋身與袋底，車縫縫份0.7cm。

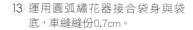

⑭ 裁剪袋底成圓形。

作法　裡袋製作

⑮ 裡袋身對摺車縫0.7cm，並將縫份燙開。

⑯ 袋底與袋身同表袋作法，運用圓弧繡花器接合。

⑰ 將裡袋底裁剪成圓形。

正面以貼布縫花樣車縫，完成袋口滾邊。

⑱ 表、裡袋底以捲針縫手縫固定。

⑲ 表、裡袋口先疏縫0.5cm固定後，由裡布車縫袋口滾邊。

⑳ 以回針縫手縫將拉鍊固定於袋口滾邊上。

㉑ 拉鍊下方以立針縫完成固定。

㉒ 加上裝飾拉鍊頭即完成。將裝飾拉鍊頭輕輕扣入拉鍊頭安裝處之鐵片。

㉓ 將持手頭尾滾邊完成後，手縫固定於袋口兩側即完成。

可愛小熊口金包

作品示範：李潔萍 老師

許多人喜愛的包繩有新作法囉！
透過串珠壓布腳更能輕鬆製作不失手，
隱藏式的口金讓隨身包多一層保護，
無論是上班或旅遊都適合。

隱藏式口金設計，
收納物品更安心。

換個花色更有大人味唷！

可愛小熊口金包

作品：W46╳H26╳D15cm
紙型：原寸紙型A·B面

技 巧 重 點

❋夾層口金的運用
❋側身口袋的變化
❋橢圓底袋包繩組合

材料準備

印花布2尺、素色布2尺、裡布3尺
厚布襯2碼、細棉繩9尺
PE底板1片、25cm口金1個
持手1組、皮絆釦1組、皮革線

運用工具

大剪刀、小剪刀、記號筆
手縫針、指套、尖錐
縫份強力夾、珠針
裁切三件組、18mm滾邊輔助器

運用壓布腳

串珠壓布腳
拉鍊壓布腳
導縫壓布腳
布邊接縫壓布腳

裁 布 尺 寸

※以下裁片各燙1片厚布襯
1.表布前、後袋身（依紙型）……各1片
2.表布前、後側身口袋（依紙型）……各2片
3.表布貼邊（依紙型）……2片
4.素色布側身（依紙型）……4片
5.素色布袋底（依紙型）……1片
6.素色布包繩3╳270cm（斜布條）
7.素色布滾邊4╳65cm（斜布條）
8.裡布袋身（依紙型）……2片
9.口金布（依紙型）……1片

作法　表袋製作

① 側口袋處理：將表布口袋背面相
對車縫固定一圈。

② 運用18mm滾邊輔助器製作滾邊
條。

③ 以布邊接縫壓布腳由背面車縫滾邊條,正面壓縫0.1cm裝飾線。

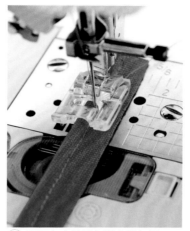

④ 運用串珠縫壓布腳車縫包繩。

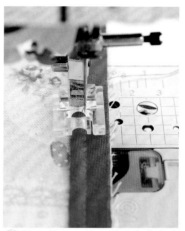

⑤ 將包繩固定於表前、後袋身之左、右側。

⑥ 將兩片側身車縫到止點處,前後回針,並將縫份燙開。

⑦ 正面壓縫0.2cm裝飾線。

⑧ 將口袋固定於側身,三邊先疏縫固定。

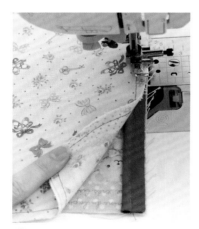

⑨ 換裝拉鍊壓布腳,將口袋布、表袋身側身素色布三層夾車一圈。

⑩ 完成表袋身成一筒狀。

⑪ 運用串珠縫壓布腳,車縫袋底包繩。

⑫ 表布袋身與袋底以縫份強力夾固定一圈，並車縫。

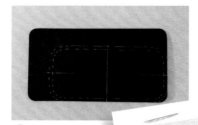

⑬ 於PE底板上畫出記號線，並依記號打洞。

⑭ 沿記號線剪下PE底板放入袋底中央，並以手縫固定。

作法 裡袋製作

POINT
PE底板尺寸：表布袋底四周減少1cm。

⑮ 貼邊與裡布袋身車縫0.7cm，縫份燙開。

⑯ 將兩片中間口金布，正面相對車縫ㄇ字形，並修剪縫份。

⑰ 將口金布翻至正面。

⑱ 以布邊接縫壓布腳車縫0.1cm裝飾線。

⑲ 車縫袋底底角，留0.7cm不車縫。

⑳ 修剪0.7cm正方截角。

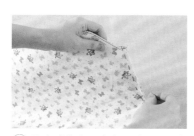

㉑ 取完成後之口金布兩片，正面相對，先以疏縫固定。

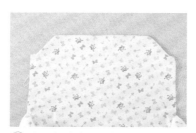

㉒ 與裡布脇邊一同夾車至止點處。

㉓ 裡袋完成。

作法 組合

㉔ 表、裡正面相對套入，袋口先以縫份強力夾固定再車縫一圈，留返口約18cm。

㉕ 袋口縫份寬度修剪一半，翻回正面，壓0.2cm裝飾線。

㉖ 於裡布中心製作記號，由中心分別向左、右側手縫口金固定。

㉗ 於表布中心製作記號，戴上指套縫製手提把。

㉘ 將側身絆釦手縫固定於表布。

㉙ 完成。

Sewing & Quilt

B・簡單洋裁

簡單即是美好，

將喜愛的布料穿在身上總能讓人感到滿足，

運用創意，為自己縫製一件專屬的手作服吧！

簡易直筒上衣

作品示範：李潔萍 老師

輕薄的緹花布料最適合
製作貼身衣著了，
簡易抽皺搭配甜美荷葉裙襬，
就是夏日最in手作服。

黑色洋裝也很有氣質呢！

簡易直筒上衣

作品：成人款M，衣長68cm
紙型：原寸紙型C面

技 巧 重 點

＊褶飾運用變化
＊袖圈滾邊運用
＊荷葉捲邊變化

材料準備

布料6尺
車線

運用工具

消失筆、記號筆、穿帶器
直尺、大剪刀、小剪刀
錐子、縫份強力夾
珠針、手縫針、18mm滾邊輔助器

運用壓布腳

7mm捲邊壓布腳
車縫導引板
NX系列裁邊器

排布圖

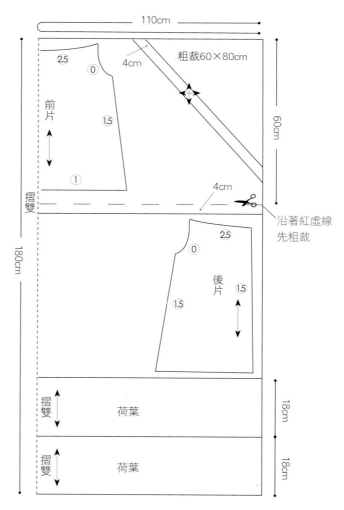

作法

① 前片粗裁60×80cm，依前中心車褶寬0.5cm，車縫長度20cm。每間隔1.5cm車縫一道，依此類推共十至十二道。

② 將前片布料中心摺雙，依紙型裁剪排版。

③ 後中心起針留10cm不車縫，縫份燙開。

④ 車U字形完成線0.7cm。。

前後回針

⑤ 前、後片正面相對，車縫脇邊各1.5cm，並將縫份燙開。

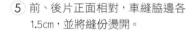

⑥ 以18mm滾邊輔助器熨燙斜布條，完成滾邊條。

⑦ 袖圈弧度正面相對車縫，以滾邊條滾邊處理。

⑧ 縫份剪牙口，倒向滾邊條。

⑨ 於滾邊條壓0.2cm裝飾線。

⑩ 正面車縫0.7cm裝飾線。

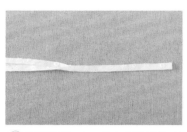

⑪ 取橫布條110cm往中心對摺後，於兩側壓線0.1cm，完成綁帶。

⑫ 運用穿帶器將綁帶穿入調整。

⑬ 將荷葉邊布以NX系列裁邊器車縫拷克。

⑭ 另一邊以捲邊
壓布腳三褶機
縫。

⑮ 荷葉邊兩片正面相對車縫左右，
並將縫份燙開，並調整縫紉機上
線張力，車縫荷葉細褶。

 縫紉機設定：針趾密度5.0、
上線張力8。

⑯ 以縫份強力夾固定下襬荷葉與上
衣，並車縫。

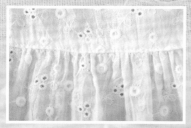

⑰ 運用車縫導引板，於上衣正面壓
縫0.1cm裝飾線一圈，即完成。

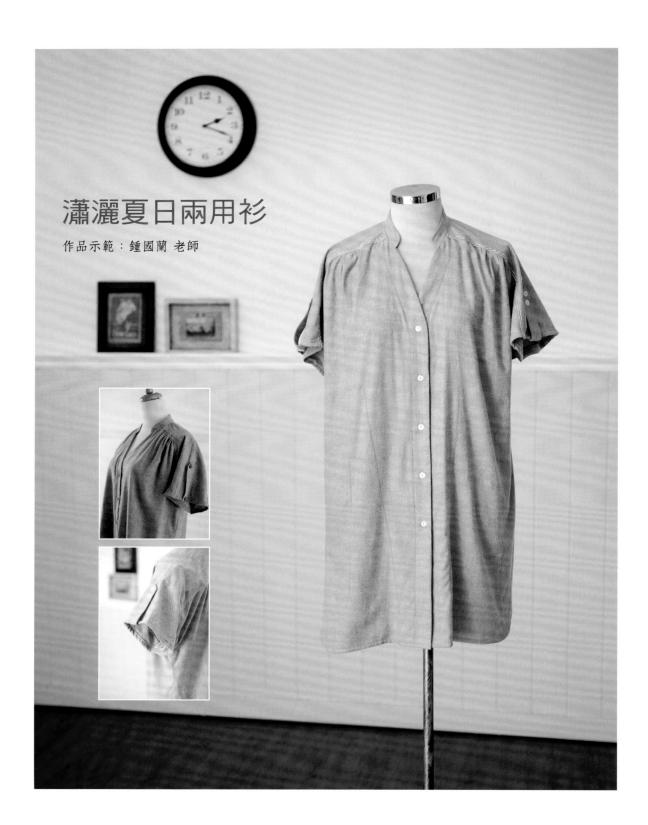

瀟灑夏日兩用衫

作品示範：鍾國蘭 老師

運用翼針在布料上壓出花紋，
是自己低調而不平凡的寫照，
寬鬆的夏日襯衫可單穿亦可作開襟式打扮，
兩種穿搭都很適合率性的大女孩們。

換個低調的中性色吧！
除了襯衫式穿著，將釦子
打開變成罩衫也很適合。

瀟灑夏日兩用衫

作品：成人款M，衣長85cm
紙型：原寸紙型C·D面

技 巧 重 點

✻ 運用直線縫份壓布腳輕鬆準
　確的作洋裁弧度壓線
✻ 運用裝飾線壓布腳及特殊線
　材作出具特色的裝飾壓線

材料準備

布料8尺、洋裁襯1碼
12mm鈕釦9顆
MOCO繡線
鄉村繡線、安定紙1尺

運用工具

大剪刀、小剪刀、錐子
釦眼刀、直尺、珠針
記號筆、手縫針、翼針

運用壓布腳

直線縫份壓布腳
七孔裝飾線壓布腳

 裁 布 尺 寸

依排版圖裁剪布料。
取領片及前貼邊燙上洋裁專用襯。
再依圖示將裁片布邊拷克。

 作法

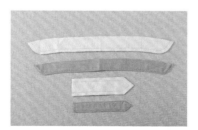

① 運用直線縫份壓布腳，將領片兩
　片正面相對，車縫ㄇ字形，圓弧
　處打牙剪翻回正面壓線0.3cm。
　取袖口裝飾布兩片以相同作法完
　成，並翻回正面壓線0.3cm。

② 取前片兩片、後下片一片抽皺，
　分別與肩片接縫，縫份倒向肩
　片。

③ 運用七孔裝飾線壓布腳及
MOCO繡線於肩片上壓縫裝
飾線。（可依個人喜好裝飾
完成寬度而運用不同孔數之
壓布腳）

④ 共完成兩片。

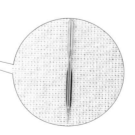

POINT

安定紙：可用於一般車縫、
貼布繡或刺繡，使車縫更平
整美觀，送布更順利。

⑤ 由於布料質地較輕薄柔軟，故先
取安定紙固定於前下片布料背面
欲車縫花樣處。（位置與長度可
依個人喜好調整。）

POINT

翼針：車針兩端具有輕薄之
金屬片設計，可使車縫針孔
放大，加強花樣裝飾性。

⑥ 換裝翼針，依安定紙固定位置，
於布料正面車縫裝飾性花樣，花
樣編號25、26。 25 ⋀⋀⋀ 26 ▨▨▨

⑦ 取完成領片對齊衣身後中心點疏縫固定。

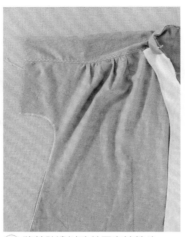

⑧ 將前貼邊以珠針固定於前片。

⑨ 裁3×25cm斜布條，以珠針固定於後領圍，車縫一圈後，將弧度處剪牙口並翻回正面。

⑩ 斜布條以三摺疏縫固定。

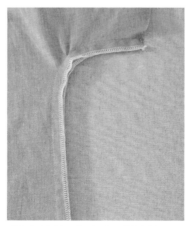

⑪ 車縫前、後脇邊，並將縫份燙開。

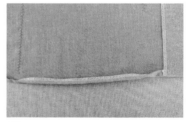

⑫ 下襬縫份三摺熨燙，並壓線一圈。

⑭ 將縫份三摺熨燙後，取袖口裝飾布固定於袖口中心，於袖口壓上裝飾線。

POINT

壓線順序：由左前下襬起經左前中→領圍→右前中→下襬，最後回至左前下襬。

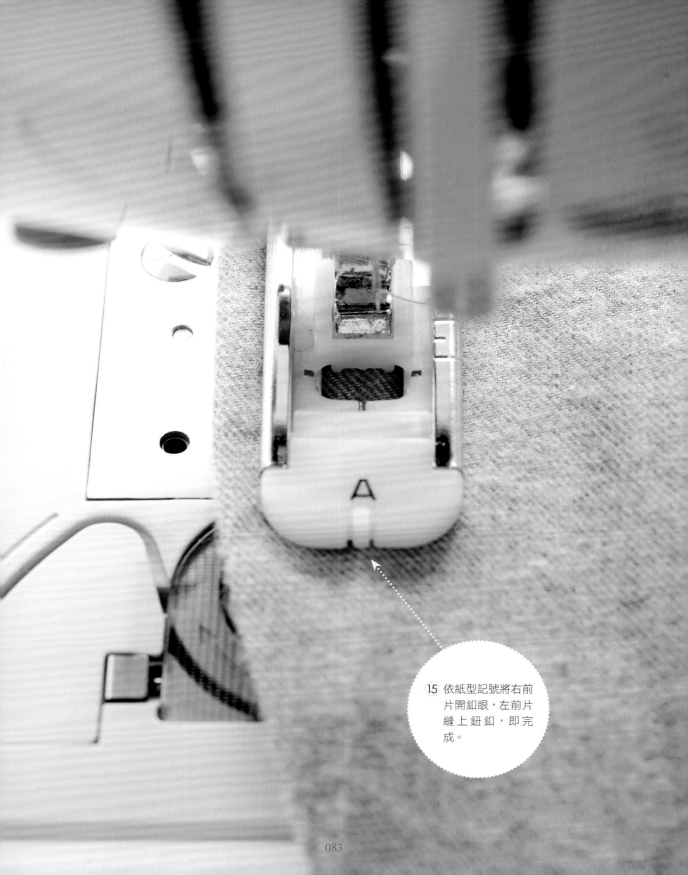

⑮ 依紙型記號將右前片開釦眼，左前片縫上鈕釦，即完成。

甜心短褲

作品示範：陳玉玲 老師

女孩短褲原來可以簡單製作，
加上微甜的蝴蝶結綁帶，
讓作品都可愛了起來。

經典格紋百看不厭。

甜心短褲

作品：成人款M，褲長45cm
紙型：原寸紙型D面

技 巧 重 點

＊簡單易學，初學者也可
　輕鬆完成
＊運用可調式滾邊壓布腳，
　完成快速滾邊
＊褲腰鬆緊帶製作
＊褲口運用布條可調節寬度

材料準備

表布5尺、配色布1尺
車線、1.2cm寬鬆緊帶5尺

運用工具

穿帶器、粉式記號筆、布剪
平待針、縫份燙尺、18mm滾邊輔助器

運用壓布腳

導縫壓布腳
可調式滾邊壓布腳

排布圖

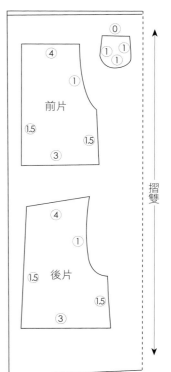

裁 布 尺 寸

前片：2片，需拷克
後片：2片，需拷克
口袋布：2片，除了袋口，其餘需拷克
配色布滾邊條：
　　4×18cm……2條（袋口）
　　4×35cm……1條（口袋裝飾結）
　　4×80cm……2條（褲口）

作法

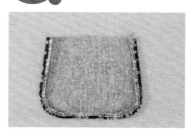

① 將口袋布下緣三邊摺燙1cm。

POINT
可使用紙型輔助摺燙。

② 袋口運用可調式滾邊壓布腳車縫
　滾邊。

③ 完成袋口滾邊。

④ 取其餘滾邊條以可調式滾邊壓布腳於一側車縫0.1cm裝飾線。

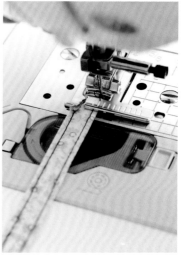

⑤ 滾邊條另一側以導縫壓布腳壓0.1cm裝飾線。

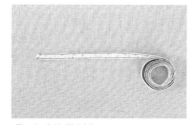

⑥ 完成綁帶製作。

⑦ 接縫外脇邊,將縫份燙開。

POINT

其中一片外脇邊褲腰留3.5cm,褲口兩片留7cm不車縫。

⑧ 將裝飾結車縫固定於口袋中心
　 上。

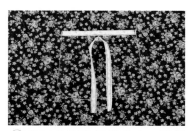

⑨ 將口袋固定於褲身上，車縫
　 0.2cm U字形固定。

⑩ 接內脇邊，縫份燙開，共需完成
　 兩褲管。

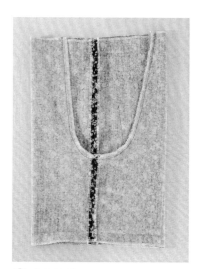

⑪ 將兩褲管正面相對套入，車縫股
　 上U字形位置。

⑫ 將縫份燙開。

⑬ 將褲管翻出。

⑬ 處理腰圍，將腰圍向下摺
　 3.5cm，間距1.5cm車縫兩道。

⑭ 運用穿帶器，將鬆緊帶穿入腰圍，固定鬆緊帶頭、尾成一圈。

⑮ 完成鬆緊腰圍。

⑯ 褲口向上摺2.5cm，車縫縫份0.3cm。

⑰ 運用穿帶器將綁帶穿入褲口。

⑱ 完成。

水玉點點上衣

作品示範：李潔萍 老師

水玉點點布料總帶給人滿滿朝氣，
以車縫細褶於前胸裝飾，
搭配獨特布標更顯得可愛。

水玉點點上衣

作品：成人款M，衣長62cm
紙型：原寸紙型D面

技巧重點

＊褶飾縫運用變化
＊鬆緊帶運用
＊開釦眼的技巧

材料準備

布料7尺、車線
鬆緊帶1包、蕾絲1包

運用工具

大剪刀、小剪刀、錐子、釦眼刀
直尺、珠針、記號筆、手縫針
縫份燙尺、雙針、18mm滾邊輔助器

運用壓布腳

褶飾縫壓布腳
車縫導引板
NX系列裁邊器
導縫壓布腳

排布圖

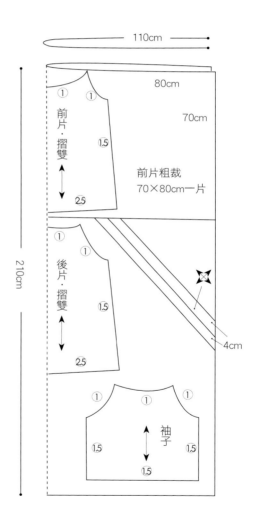

作法

① 前片粗裁80×70cm一片，運用褶飾縫壓布腳搭配雙針車縫裝飾線，由中心往左右各七至八道。

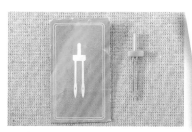

縫紉機設定：上線張力調7至8，針趾密度2.5至3。

POINT
雙針使用需搭配第二線輪柱與第二顆車線，即可呈現兩條車縫效果。

② 完成前片裝飾線。

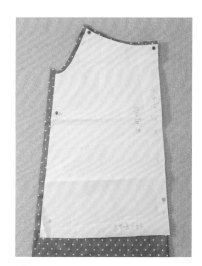

③ 依紙型裁下。

④ 中心點左、右各1.5cm處開釦眼，直徑為1cm。

POINT
因布料摺雙，所以正面取布。

⑤ 車縫前、後袖圈弧度成一圈，並以拷克處理布邊。

⑥ 車縫衣袖脇邊，並將縫份燙開。

⑧ 以縫份燙尺將袖口摺燙1.5cm。

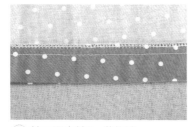

⑨ 於正面車縫1cm裝飾線。

⑦ 換裝NX系列裁邊器處理袖口布邊。

⑩ 運用穿帶器穿入鬆緊帶（約26至 28cm）。

⑪ 裁斜布條4×180cm，以18mm滾邊輔助器熨燙，完成滾邊條。

⑫ 將斜布條與領口正面相對車縫一圈。

⑬ 縫份倒向斜布條並壓線0.1cm。

⑭ 於正面壓裝飾線1.5cm。

⑮ 穿入鬆緊帶（長度可依個人喜好調整），鬆緊帶重疊1.5cm，車縫後再穿入蕾絲即完成。

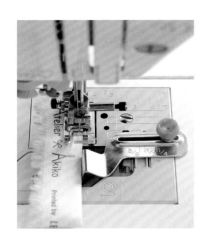

⑯ 取布標一片，運用車縫導引板壓線0.1cm。

⑰ 以鈕釦將布標固定於上衣，完成。

POINT
可運用具有特色的布邊代替布標，以凸顯作品風格。

Lace百搭背心

很想擁有一件手作的背心，
運用超便利的布邊接縫壓布腳拼接，
寬窄不一的蕾絲成了特色蕾絲布，
讓輕便的穿搭也能擁有小浪漫。

作品示範：鍾國蘭 老師

作品：成人款M，衣長45cm

紙型：原寸紙型C面

技 巧 重 點

＊運用壓布腳製作蕾絲布

＊運用壓布腳直接車縫滾邊

材料準備

布料5尺、6cm寬蕾絲8碼(M號)

運用工具

大剪刀、小剪刀、錐子、直尺

珠針、記號筆、手縫針、車線

運用壓布腳

布邊接縫壓布腳

滾邊壓布腳

圓弧繡花器

裁布尺寸

表布40×60cm……1片

斜布條……5條

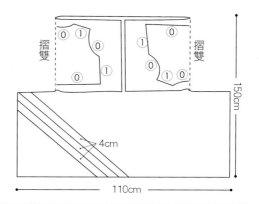

摺雙　摺雙

150cm

4cm

110cm

作法

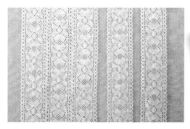

① 依前片紙型衣長裁剪蕾絲，數量
依蕾絲寬度以可裁出左右前片為
主。

POINT
可選用寬窄不一的蕾
絲拼接，創作自己的
特色背心唷！

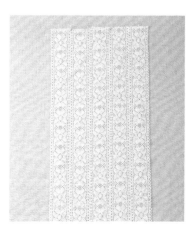

② 運用布邊接縫壓布腳將蕾絲拼接
完成。

③ 並依前片紙型裁剪左、右前片各
一（須於記號線內0.2cm車縫固
定防止脫線）。

④ 依後片紙型裁剪表布共兩片。

⑤ 取後片兩片分別夾車左、右前片肩線處。

⑥ 脇邊正面相對車縫。

⑦ 由後片下襬翻回正面整燙，並將左、右前片脇邊壓縫於後片脇邊上。

⑧ 換裝圓弧繡花器，於後片依個人喜好將剩餘蕾絲車縫裝飾性圓形圖樣。

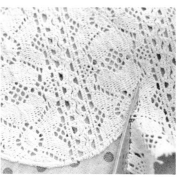

⑨ 沿圓形邊緣以小剪刀將多餘蕾絲剪下。

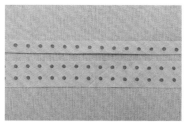

⑩ 裁表布寬4cm斜布條，製作滾邊條。

⑪ 將滾邊條放入滾邊壓布腳準備車縫。

⑫ 運用滾邊壓布腳將領圍、袖圈及下襬車縫壓線。

⑬ 滾邊條頭、尾需反摺1cm。

⑭ 將滾邊條頭尾縫份摺入後,並壓線0.2cm即完成。

仿兩件式上衣

作品示範：陳玉玲 老師

運用皺褶壓布腳車縫，
浪漫荷葉就能輕易圍繞左右，
特殊上衣設計，外出一件就搞定！

仿兩件式上衣

作品：成人款M，衣長65cm

紙型：原寸紙型D面

＊重疊式作法，

小蓋袖設計修飾加分

＊前片抽縐，

更顯活潑有設計感

材料準備

表布2色：內穿2尺、外穿7尺

運用工具

實線點線器、布用口紅膠

18mm滾邊輔助器、布剪

粉式記號筆、平待針、尖錐

拆線器、縫份燙尺

運用壓布腳

皺褶壓布腳

可調式滾邊壓布腳

裁布尺寸

內前片……1片

後片……1片

外前片……2片

斜布條：荷葉邊6×300cm

內前片滾邊 4×50cm……1條

荷葉邊滾邊3×180cm

袖口滾邊3×50cm……2條

排布圖

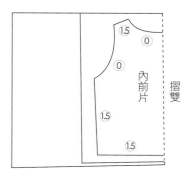

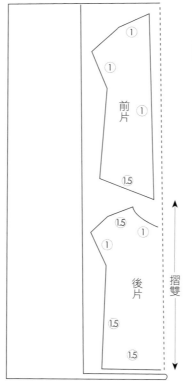

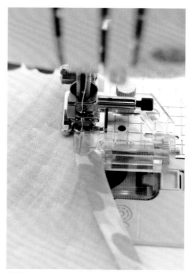

① 運用可調式滾邊壓布腳車縫內前片領口滾邊。

102

② 完成內前片領口滾邊。

③ 內前片下襬以三褶機縫處理，摺燙1cm再摺燙1cm。

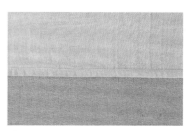

④ 於正面壓0.1cm裝飾線。

⑤ 將前後片肩線、脇邊與內前片袖襱拷克處理。

⑥ 將內前片分別與外前片接縫肩線位置。

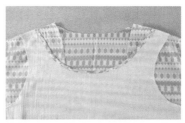

⑦ 接縫前後片肩線，並將縫份倒向後片。

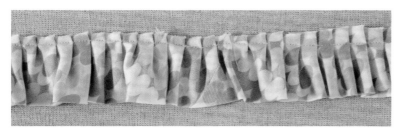

⑧ 運用皺褶壓布腳車縫荷葉邊。

 縫紉機設定：針趾密度2.0。

⑨ 將衣身與荷葉
邊固定。

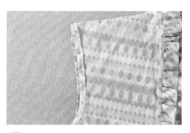

⑩ 以內滾邊方式處理製作袖襱。

⑪ 前中心內滾邊處理。

⑫ 接縫脇邊,並將縫份燙開。

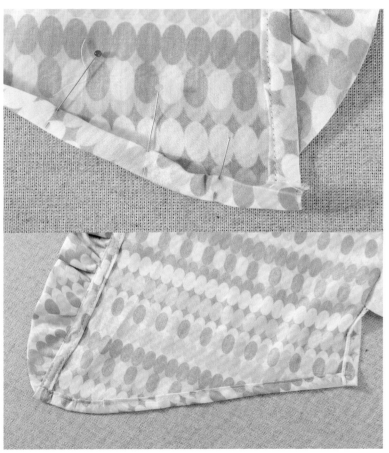

⑬ 下襬以三褶機縫技巧車縫,縫份0.7cm,完成。

V領單件洋裝

作品示範：李潔萍 老師

V字領口設計修飾性極佳，
搭配內搭蕾絲更顯得有層次感，
透過NX系列裁邊器快速處理布邊，
新手也能擁有自己的手作服。

換個花色依然甜美可愛。

V領單件洋裝

作品：成人款M，衣長85cm
紙型：原寸紙型C面

技 巧 重 點

＊領口蕾絲運用
＊隱形拉鍊製作
＊下襬荷葉變化

材料準備

布料8尺、車線、蕾絲6尺
洋裁專用襯1碼、22吋隱形拉鍊1條

運用工具

大剪刀、小剪刀、錐子、珠針
記號筆、手縫針、縫份燙尺、平待針

運用壓布腳

隱形拉鍊壓布腳
7mm捲邊壓布腳
車縫導引板
NX系列裁邊器

排布圖

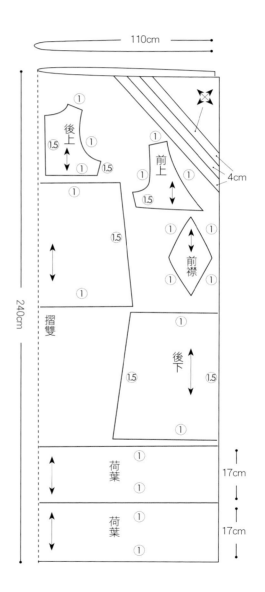

① 車縫前、後片，肩線與脇邊縫份燙開。

② 取斜布條寬4cm，車縫領口及袖口處，弧度剪牙口。

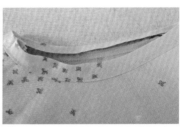

③ 縫份倒向滾邊，壓0.2cm裝飾線。

POINT
此步驟可使袖圈形狀更美麗且不易變形。

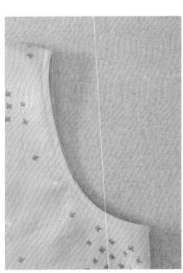

④ 滾邊倒內，由正面壓0.7cm裝飾線。

⑤ 後片裙襬下25cm處（拉鍊止點處）車縫中心線及脇邊線，縫份燙開。

⑥ 裙片一圈抽細褶與上衣等寬，車縫固定再以拷克處理布邊。

⑦ 換裝隱形拉鍊壓布腳，車縫隱形拉鍊。

109

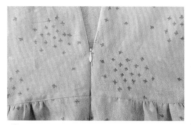

⑧ 完成隱形拉鍊製作。

⑨ 取下襬布由布邊上5cm處畫出一道記號，車縫0.5cm寬度再間隔1.5cm處畫出記號，同第一道作法相同，共三道。

⑩ 以NX系列裁邊器處理布邊。

⑪ 另一側以7mm捲邊壓布腳三褶機縫處理，並車縫裝飾線。

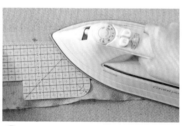

⑫ 荷葉邊車縫一圈，將縫份燙開，並摺燙2cm。

🧵 **縫紉機設定**：將縫紉機針趾調大，針趾密度5，上線張力9。

⑬ 完成荷葉邊製作。

⑭ 荷葉邊抽細褶與下襬等寬，並以平待針固定於布邊1.5cm。

⑮ 前片襠布粗裁25×30cm。

16 於△形摺雙處，由
上而下將蕾絲一層
層重疊車縫。

17 依紙型畫出完成線，車縫一圈留返
口翻出，於正面壓0.7㎝完成線。

18 將前襠布車縫於前片V領處，即
完成。

羅曼史短裙

作品示範：鍾國蘭 老師

以直線縫份壓布腳快速拼接蕾絲，
就能擁有十足的女孩風，
穿上專屬手作裙，
一起迎接微透光的夏日。

綁帶方式可依個人喜
好變化。

羅曼史短裙

作品：成人款S，裙長52cm

技 巧 重 點

＊依臀圍用簡單的計算方式快
速的得知所需的裁片尺寸
＊運用特殊的壓布腳輕鬆製作
蕾絲短裙

材料準備

蕾絲布4尺、2.5cm蕾絲4碼
3cm蕾絲2碼、1cm鬆緊帶1包
0.5cm緞帶1.5m、車線
熱接著線

運用工具

大剪刀、小剪刀、錐子、直尺
珠針、記號筆、手縫針

運用壓布腳

直線縫份壓布腳
裝飾帶壓布腳
捲邊壓布腳

裁 布 尺 寸

本件作品以臀圍尺寸98cm示範
裁片尺寸計算：
• 裁片寬＝（臀圍÷8）＋0.5
• 裁片長＝裙長－19cm

作法

① 裁表布34×13cm及寬2.5cm蕾絲
各八條，將表布左、右側拷克處
理。

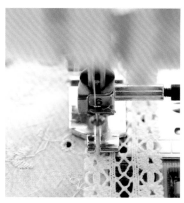

② 運用直線縫份壓布腳，以左側
3.2mm之縫份定規將表布及蕾絲
車縫成圓筒狀。

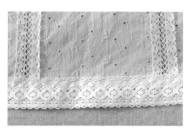

③ 下襬拷克處理後，以熱接著線將
3.5cm蕾絲整圈黏燙固定。運用
裝飾帶壓布腳將緞帶車縫於蕾絲
上。

④ 裁腰剪接布38×54cm兩片，正面
相對車縫左、右兩側成圓筒狀。

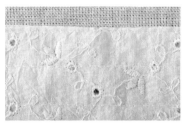

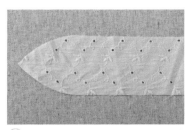

⑤ 將作法4於38cm處對摺，並於摺
雙處壓線0.3cm一道及1.5cm兩
道。

⑥ 將作法5與作法3之裙片車縫，縫
份倒向剪接布，並壓線0.5cm。

⑦ 裁表布7×150cm一條，如圖示將
兩端修成弧度狀。

⑧ 運用捲邊壓布腳將
兩側三褶機縫。

⑨ 將完成之腰間綁帶固定於一側脇
邊，完成。

Sewing & Quilt

C ‧ 機縫拼布

對拼布迷們來說每一片布料都很珍貴，

透過配色、壓線，可以感受創作者對作品的用心，

拾起片片布料，拼湊生活中最簡單的小幸福。

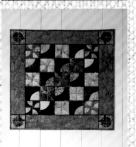

Flower手提袋

作品示範：陳玉玲 老師

以前開式曲線壓布腳車縫水草圖案，
袋身上的獨特壓紋，使花朵更立體，
恰巧裝得下A4尺寸的設計，
使用上更便利。

Flower手提袋

作品：W33.5×H32.5×D11.5cm
紙型：原寸紙型A‧B面
以QC-1000製作

技 巧 重 點

＊貼布繡製作
＊裝飾布製作法
＊運用直線壓線壓布腳創造
圖案立體效果

材料準備

先染布2色各2尺、裡布3尺
袋物專用襯4尺、薄布襯3尺
單膠襯棉1包、水溶性雙面接著膠帶
持手1組、拉鍊皮套1個
拉鍊20cm、30cm各一條、奇異襯1尺
車線、段染光澤線、皮革線、PE底板

運用工具

裁切三件組、布剪、鶴剪、記號筆
珠針、強力夾、尖錐、拆線器、皮革針

運用壓布腳

前開式曲線壓布腳
前開式密針縫壓布腳7mm
前開式均勻送布壓布腳7mm
布邊接縫壓布腳
可調式拉鍊壓布腳
直線壓線壓布腳
導縫壓布腳

裁 布 尺 寸

1.表布……2片、單膠襯棉……2片、袋物專用襯……2片
2.花朵（依紙型）5瓣……各1片
3.表袋側身……1片、單膠襯棉……1片、袋物專用襯……1片（不含縫份）
4.貼邊：袋身……2片、側身……2片
5.袋口裝飾布……2片、袋物專用襯……2片（不含縫份）
6.表袋口布5.5×25cm……2片，貼薄布襯、裡袋口布5.5×25cm……2片，
　燙薄布襯
7.裡袋身……2片，燙薄布襯
8.裡袋側身……1片，燙薄布襯
9.內口袋：一字拉鍊口袋24×32cm……1片，燙薄布襯
　　　　　貼式口袋28×30cm……1片，燙薄布襯

作法　表袋製作

① 以奇異襯將花朵圖形固定於表袋身，運用前開式密針縫壓布腳車縫密針繡。

② 前、後片以前開式密針縫壓布腳，沿花朵邊緣密針車縫貼布繡。

③ 運用直線壓線壓布腳將表袋身
（表布＋襯棉＋袋物專用襯）車
縫自由曲線水草花紋，並依紙型
剪下。

④ 完成表袋身正面。

⑤ 表袋身背面以相同方式製作，

⑥ 運用均勻送布壓布腳，將側身壓線（表布＋襯棉＋袋物專用襯），並依紙型
剪下。

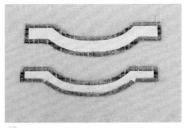

⑦ 裝飾布製作，依紙型裁剪袋物專
用襯（未含縫份），燙於裝飾布
上，將下緣縫份向上摺燙。

⑧ 將裝飾布固定於表袋身，運用布邊接縫壓布腳於正面壓線0.1cm。

⑨ 將一片表袋與側身接合。

 POINT
轉角處須剪牙口。

⑩ 組合表袋。

作法 裡袋製作

⑪ 拉鍊口布：將表布＋拉鍊＋裡布車縫，三層運用水溶性雙面接著膠帶固定。

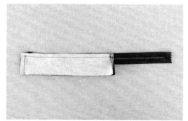

⑫ 如圖示運用可調式拉鍊壓布腳車縫兩邊。

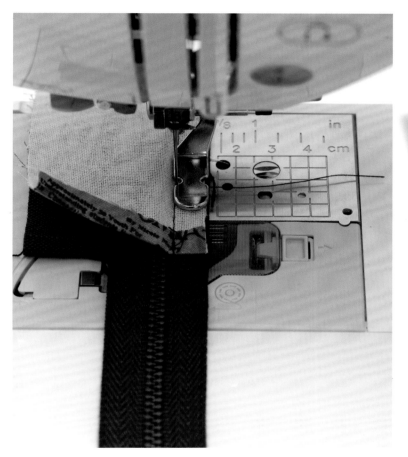

POINT

開頭處表、裡布需反摺1cm。

⑬ 將口布翻回正面，以可調式拉鍊壓布腳車縫0.1cm裝飾線。

⑭ 換裝導縫壓布腳壓0.7cm裝飾線，共完成兩片。

⑮ 將貼式口袋布對摺車縫，並留一返口。

⑯ 翻回正面後整燙，並於袋口壓0.7cm裝飾線。

⑰ 將貼式口袋固定於一側裡袋袋身，距離袋口5.5cm處，並依喜好車縫隔間。

⑱ 裡袋另一側距離袋口上緣5.5cm製作一字拉鍊口袋，並將拉鍊框20×1cm剪開雙Y字形。

⑲ 將口袋布塞入裡袋身並整燙。

⑳ 以水溶性雙面接著膠帶貼上拉鍊，運用可調式拉鍊壓布腳，車縫一圈。

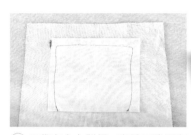

㉑ 口袋布向上對摺，車縫三邊即完成。

POINT
袋底車縫些微弧度，可使灰塵棉絮不易累積。

作法 組合

㉒ 將貼邊＋口布＋裡袋三層夾車。

㉓ 於正面接縫處壓0.2cm裝飾線。

㉔ 組合側身貼邊＋側身。

㉕ 組合裡袋身與側身，並留一返口，轉角處車縫與表布相同。

㉖ 完成裡袋。

㉗ 表、裡袋正面相對，將表袋套入裡袋，於袋口車縫一圈。

㉘ 弧度處須剪牙口。

㉙ 翻至正面。

POINT
側身縫份左、右錯開。

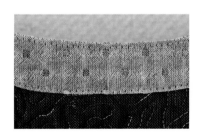

㉚ 袋口壓0.2cm裝飾線。

㉛ 縫上持手與拉鍊尾端裝飾片。

㉜ 完成。

刺繡草莓手提包

作品示範：李潔萍 老師

以手縫結粒繡點綴哈邊袋口，
整體精緻度更加分，
帶著甜美的草莓提包
參加優雅的午茶約會吧！

刺繡草莓手提包

作品：W35×H30×D9.5cm
紙型：原寸紙型B面
以QC-1000製作

技巧重點

* 運用冷凍紙車縫圖案
* 袋口哈邊處理及簡易刺繡
* 側身條狀30°切割拼接
* 袋身翻光處理

材料準備

素色布2尺、淺色布4尺、深色布2尺
單膠襯棉1包、厚布襯1包
洋裁專用襯1包、光澤段染線
MOCO繡線、燭蕊線
細棉繩8尺、手縫磁釦2組
20cm拉鍊2條、持手1組
PE底板1片、緞帶少許、小花絆釦2個

運用工具

大剪刀、小剪刀、珠針、記號筆
手縫針、刺繡針、尖錐
鉗子、裁刀、裁尺、裁墊

運用壓布腳

串珠壓布腳
前開式密針縫壓布腳
直線壓線壓布腳
前開式均勻送布壓布腳
可調式拉鍊壓布腳

裁布尺寸

1. 前後袋身粗裁33×39cm，表布＋單膠襯棉＋厚布襯……各2片
2. 前口袋粗裁23×39cm，表布＋單膠襯棉＋厚布襯……1片
3. 前口袋裡布23×39cm，表布＋洋裁專用襯……1片
4. 側身布深色6×110cm……1片
   淺色7.5×110cm……2片，4×110cm……2片
5. 包繩布3×240cm……1條（斜紋布）
6. 裡布袋身（依紙型）……2片，燙厚布襯
7. 側身（依紙型）……1片，燙厚布襯
8. 一字拉鍊口袋24×36cm……2片，燙洋裁專用襯
9. 袋底PE底板布11×29cm……1片，燙洋裁專用襯

作法　表袋製作

① 運用冷凍紙描繪圖案，並熨燙於前片口袋粗裁布。

POINT
請將熨斗蒸氣關閉。

② 運用前開式密針縫壓布腳，將前口袋布＋單膠襯棉＋洋裁專用襯三層車縫圖案。

 縫紉機設定：
花樣三重直線縫。

128

③ 將冷凍紙撕除，於草莓圖形上手
繡結粒繡，以突顯色彩。

POINT
刺繡專用針

④ 草莓蒂頭運用手縫緞帶繡技法，創造立體效果。

→ 緞帶繡穿針打結分解圖

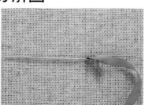

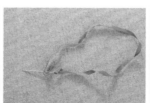

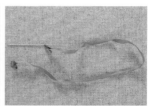

⑤ 降下送布齒，換裝
直線壓線壓布腳，
四周以自由壓線車
縫水草圖案。

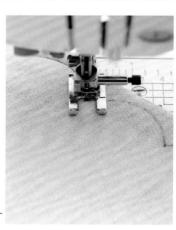

⑥ 取前口袋裡布與表布正面
相對車縫哈邊弧度。

🪡 縫紉機設定：針趾密度
1.8~2.0cm，花樣1-04。 1-04

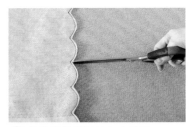
⑦ 修剪縫份並於轉角處剪牙口。

⑧ 運用鉗子整理弧度,並翻回正面。

⑨ 沿著正面哈邊繡弧度弧度壓0.2cm裝飾線。

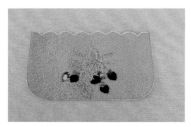
⑩ 於弧度處以燭蕊線手縫「法國結」(結粒繡)裝飾,並依紙型將前口袋剪下。

⑪ 將前、後袋身粗裁33×39cm,將表布+單膠襯棉+洋裁專用襯熨燙完成,並運用前開式均勻送布壓布腳,以自由曲線壓縫裝飾線。

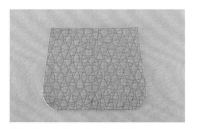
⑫ 前、後袋身依紙型裁剪。

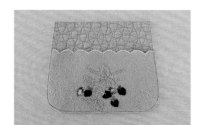
⑬ 將前袋身與前口袋組合。

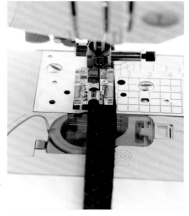
⑭ 運用串珠縫壓布腳車縫包繩。

⑮ 運用串珠縫壓布腳將包繩車縫於前、後袋身。

16 側身布裁剪6×110cm深色一條，7.5×110cm淺色兩條，車縫後縫份倒向一邊。

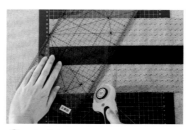

17 以30°角每隔6cm裁切。

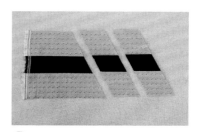

18 完成。

19 依圖示排列組合成菱形格布料。

20 修裁成8×110cm。

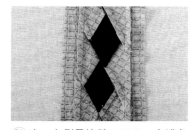

21 左、右側另接縫4×110cm之淺色布料各一條，縫份燙開。

22 將側身表布＋單膠襯棉＋洋裁專用襯三層舖棉，取深色布料中心繪製2cm間隔記號。

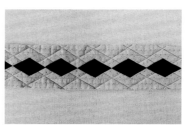

23 以前開式均勻送布壓布腳車縫直線菱形格壓裝飾線。

作法 裡袋製作

㉔ 裡布PE底板布左、右摺燙1.5cm，
正面壓0.7cm，並固定於側身袋底
中心。

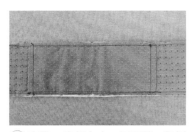

㉕ 車縫PE底板布上、下兩端，與側
身袋底中心結合。

㉖ 取側身表、裡布車縫袋口。

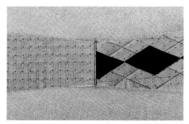

㉗ 縫份倒向裡布，並於正面壓0.2cm
裝飾線。

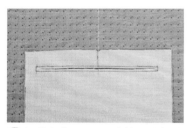

㉘ 裡袋身袋口下12cm製作一字拉鍊
口袋，車縫20.5×0.7cm拉鍊框
後，剪開成雙Y字型。

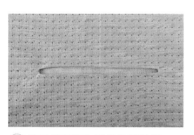

㉙ 將口袋布塞入裡袋身並整燙。

作法 組合

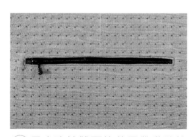

㉚ 用水溶性雙面接著膠帶黏貼拉
鍊，並車縫一圈固定。

㉛ 口袋布向上摺起，車縫三邊。

㉜ 將表袋身後片與側身車縫半邊組
合。

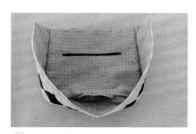

33 運用可調式拉鍊壓布腳將裡袋身後片與表袋身後片正面相對車縫一圈，並於袋底留10cm返口。

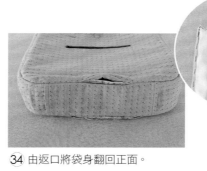

34 由返口將袋身翻回正面。

POINT
因袋口有弧度，故需修剪縫份，並剪牙口。

35 另一側作法同步驟32。

36 返口處以藏針縫縫合。

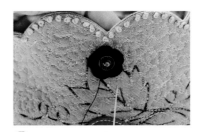

37 手縫袋口小花絆鈕。

38 手縫袋口刺繡（結粒繡）。

39 持手固定於表袋中心左、右側各6cm處。

40 放入9×27cmPE底板，即完成。

菱格紋斜切事務包

誰說事務包只能有一種面貌？
切割式拼布技巧運用於袋物也十分適合，
斜刷設計使低調的事務包增添了華麗的個性。

作品示範：鍾國蘭 老師

作品：H45×W35×D8.5cm
紙型：原寸紙型C面
以QC-1000製作

技 巧 重 點

＊交錯菱格斜刷技巧
＊D型持手製作
＊隱藏式袋蓋製作

材料準備

野木棉主色布4尺
配色布3尺、裡布3尺

運用工具

D型金屬持手1組
日本機縫襯棉（厚）1包
厚布襯1碼、洋裁專用襯1碼
隱形磁釦2組、段染光澤線、車線

運用壓布腳

直線縫份壓布腳
前開密針縫壓布腳
前開式均勻送布壓布腳

裁 布 尺 寸

主色布　a.前下袋身40×40cm……1片（粗裁）
　　　　b.斜布條0.7×60cm……約20條
　　　　c.斜刷布10.5×10.5cm……10片
　　　　d.上袋身15×40cm……1片
　　　　e.後袋身48×40cm……1片
　　　　f.側身12×110cm……1片
配色布　a.斜刷布10.5×10.5cm……20片
　　　　b.袋蓋依紙型……2片（圓弧處留縫份0.7cm）
　　　　c.貼邊依紙型……2片
　　　　e.滾邊布5×150cm（斜布紋）……1條
裡　布　a.裡袋身67.5×44.5cm……1片
　　　　b.裡側身（依紙型）……1片
　　　　c.貼式口袋35×35cm……1片

作法　表袋製作

① 前下袋身布燙上厚布襯，於正面繪製寬11cm正斜格。

② 取斜布條兩層重疊。

③ 運用前開式密針縫壓布腳，將斜布條車縫於記號線上。

④ 車縫完成。

⑤ 取斜刷布主色布一片配色布兩片
　重疊。

⑥ 放置於40cm正方主色布上，並
　運用直線縫份壓布腳間隔0.7cm
　車縫固定。

⑦ 將間隔剪開後浸濕，以刷子垂直
　同向重覆輕輕刷洗剪開處。

⑧ 前上片三層舖棉與刷洗完成之表
　布接縫壓線，完成後依紙型剪
　下。

⑨ 運用前開式均勻送布壓布腳將後
　袋身布三層舖棉壓線後，依紙型
　剪下。

⑩ 側身布三層舖棉後依紙型剪下。

 縫紉機設定：針趾密度3.0。

⑪ 完成側身。

⑫ 將前、後袋身與側身車縫組合成，完成表袋身。

POINT
側身與袋身組合時側身
轉角處須定點剪牙口。

作法 裡袋製作

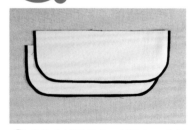

⑬ 袋蓋依紙型裁剪，並燙上不含縫份之厚布襯，共完成兩片。

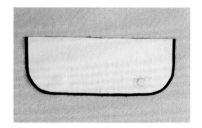

⑭ 配色布依圖示位置放置隱形磁釦。

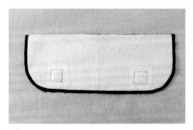

⑮ 於隱形磁釦上方蓋上薄布襯熨燙，並於四周車縫一圈固定。

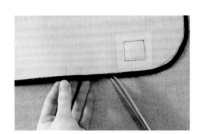

⑯ 車縫兩片袋蓋，圓弧處剪牙口。

⑰ 翻至正面後，壓0.5cm裝飾線。

⑱ 貼邊與裡袋身各一片燙上洋裁專用襯，取中心點夾車袋蓋。

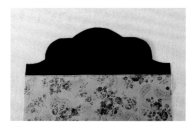

⑲ 縫份倒向裡布，並壓線0.2cm。

⑳ 裡布貼式口袋半邊熨燙洋裁專用襯。

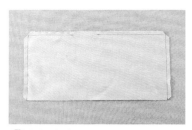

㉑ 對摺車縫三邊並留一返口，於四角剪斜角。

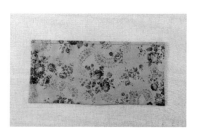

㉒ 由返口翻至正面，袋口壓線0.5cm。

㉓ 將貼式口袋固定於裡布袋口下7cm位置，依喜好車縫隔間。

㉔ 將另一側裡袋身及貼邊車縫組合。

㉕ 將縫份倒向袋身，壓0.2cm裝飾線。

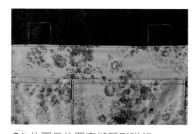

㉖ 依圖示位置車縫隱形磁釦。

㉗ 車縫裡袋身側邊，縫份燙開。

28 車縫底角9cm，完成裡袋。

29 表、裡袋身於袋底縫份捲針縫固定後袋口套合。

作法 組合

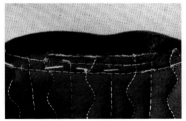

30 表、裡袋身於袋口疏縫固定後，取滾邊布於裡袋口車縫滾邊。

31 於表袋口運用「貼布縫」花樣車縫，完成滾邊。

 縫紉機設定：縫紉機貼布縫花樣1-34，搭配鏡相功能。 `1-34 Q`

32 依紙型位置畫出持手記號並於線外0.2cm以「三重直線縫」花樣車縫兩圈後，將多餘布料修剪，並裝上D形金屬持手即完成。

 縫紉機設定：縫紉機花樣1-05。 `1-05`

綠野仙蹤肩背包

作品示範：陳玉玲 老師

運用粉嫩色系的先染布拼接袋身，
搭配波紋壓線壓布腳車縫，
呈現效果彷彿漣漪一般，
春天的氣息也悄悄於袋身上呈現。

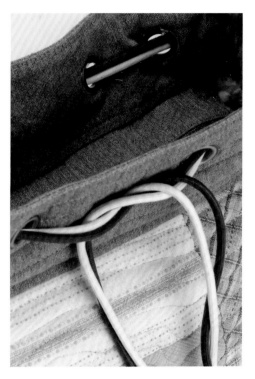

綠野仙蹤肩背包

作品：W38×H32×D15cm
紙型：原寸紙型B面
以QC-1000製作

技巧重點

＊拼布簡單接合
＊運用壓布腳快速呈現圖案的精緻
＊皮革布料運用

材料準備

配色布11色各1尺、皮革布1尺
裡布3尺、洋裁專用襯3尺、PE底板
厚布襯3尺、單膠襯棉1包、手提把1組
拉鍊皮套1個、金屬光澤線
拉鍊20cm、30cm各1條、車線
段染光澤線、雞眼（1.7mm）8個
進口棉繩2色各4尺、木珠（大）2個

運用工具

裁切工具三件組、布剪、線剪
記號筆、珠針、強力夾、尖錐、皮革針
拆線器、雞眼工具、14號車針

運用壓布腳

皮革壓布腳
導縫壓布腳
均勻送布壓布腳7mm
可調式拉鍊壓布腳
前開式曲線壓布腳
波紋壓線壓布腳

裁布尺寸

1. 如圖，依A至J各色裁2片（含縫份）
2. 上片11×35cm……2片
3. 底布（皮革布）35×20……1片
4. 口布4.5×25cm……2片，燙未含縫份厚布襯
5. 貼邊7.5×33.5cm……2片，燙厚布襯
6. 裡袋身28×41.5cm……2片，燙厚布襯
7. 裡布袋底（依紙型）……1片，燙厚布襯
8. 裡布口布4.5×25……2片，燙未含縫份厚布襯
9. 裡布一字拉鍊口袋24×32cm……1片，燙洋裁專用襯
   裡布貼式口袋28×30cm……1片，燙洋裁專用襯

接縫順序圖

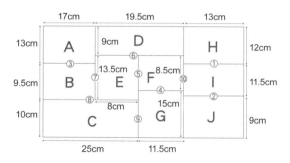

作法　表袋製作

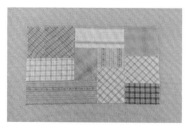

① 表布A至J依序接縫。
　 縫份燙開並描繪花朵
　 圖型，完成兩片。

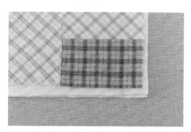

② 依序將表布＋襯棉＋洋裁襯三層固定。

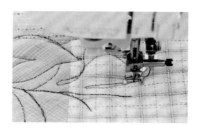

③ 運用前開式曲線壓布腳完成花朵圖案壓線。

⑤ 將完成之表布剪裁成尺寸 32.5×49.5cm，共需完成兩片。

⑥ 依下圖記號位置固定褶痕。

④ 運用波紋壓線壓布腳等距壓線技巧，車縫花朵四周。

5cm 4cm   5cm 4cm

26cm

41.5cm

⑦ 車縫左、右側邊。

⑧ 將側邊縫份以捲針縫固定。

⑨ 運用均勻送布壓布腳將上片表布
　＋襯棉＋洋裁襯三層壓線，並裁
　剪成9.5×33.5cm，共兩片。

⑩ 運用皮革壓布腳，將底布＋襯棉
　＋洋裁襯三層壓線。

⑪ 完成後依紙型剪下。

⑫ 組合表袋身與袋底。

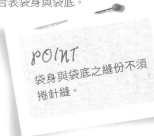

POINT
袋身與袋底之縫份不須
捲針縫。

⑬ 上片車縫左、右側，縫份以捲針縫處理。

⑭ 接縫上片與袋身，縫份皆倒向兩側，並以捲針縫固定。

⑮ 完成表袋身。

作法　裡袋製作

⑯ 於其中一側袋口下6cm製作一字拉鍊口袋，車縫20×1cm拉鍊框一圈後，剪開呈雙Y字形。

⑰ 將口袋布塞入裡布後整燙。

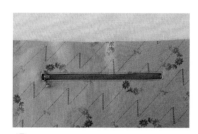

⑱ 以水溶性雙面接著膠帶黏貼拉鍊，並運用可調式拉鍊壓布腳車縫一圈。

⑲ 口袋布向上對摺後車縫三邊，完成一字拉鍊口袋。

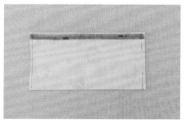

⑳ 製作貼式口袋，將貼式口袋布對摺車縫一道，將縫份燙開後車縫左、右側，並留一返口。

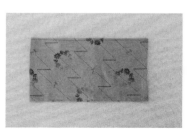

㉑ 翻至正面，於袋口處壓線0.5cm。

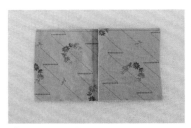

22 口袋布立體摺燙。

23 將口袋布車縫固定於另一側裡袋身，距離袋口下方6cm處。

24 製作口布，取口布表、裡各兩片，左、右摺燙1cm，運用水溶性雙面接著膠帶固定於拉鍊上。

25 運用可調式拉鍊壓布腳，將口布表、裡布夾車拉鍊。

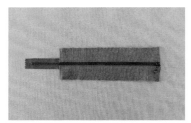

26 完成後於正面壓縫ㄇ字形0.2cm裝飾線，完成口布製作。

27 貼邊布、口布與裡布三層夾車，並於正面壓0.2cm裝飾線。

28 完成兩側口布與裡袋身之組合。

29 組合裡袋，裡袋身車縫成筒狀，並留一返口，再與袋底接縫。

30 表、裡袋身正面相對套入，車縫袋口一圈，並修剪襯棉至縫份處。

㉛ 縫份倒向袋身，並以捲針縫手縫
固定。

㉜ 由返口翻至正面。

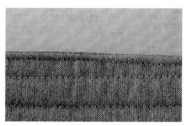

㉝ 袋口壓線0.3cm。

㉞ 將表、裡袋底手縫固定後，放入
PE底板，並縫合返口。

㉟ 於側身中心縫上手提把與拉鍊皮片。

㊱ 依圖示位置安裝雞眼釦。

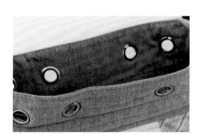

中心

5　　10　　5

㊲ 穿入進口棉繩裝上木珠即完成。

曼波舞褶飾提袋

作品示範：李潔萍 老師

沈穩的先染布透過
前開式密針縫壓布腳的車縫，
在提袋上翻出了片片浪花，
律動的漸層色彩彷彿跳起了曼波舞。

曼波舞褶飾提袋

作品：W36×H30×D12cm
紙型：原寸紙型B・C面
以QC-1000製作

技 巧 重 點

運用軌道襯車縫褶飾
自由曲線運用
拉鍊口布處理
袋蓋滾邊手縫技巧

材料準備

先染布深、淺各3尺、裡布3尺
軌道襯2.5cm、單膠襯棉1包
厚布襯1碼、洋裁專用襯1碼
40cm拉鍊1條、20cm拉鍊1條
亮麗繡線、皮革線
持手1組、PE底板1片

運用工具

大剪刀、小剪刀、記號筆、平待針
手縫針、指套、錐子
縫份強力夾、裁刀、裁尺、裁墊

運用壓布腳

前開式密針壓布腳
前開式曲線壓布腳
前開式均勻送布壓布腳
拉鍊壓布腳

裁 布 尺 寸

1.前袋身底（深色布）粗裁39×39cm……1片，燙厚布襯
2.後袋身淺色粗裁39×38cm，表布＋單膠襯棉＋厚布襯……1片
3.表袋蓋粗裁39×20cm，表布＋單膠襯棉＋洋裁專用襯……1片
4.裡袋蓋粗裁，39×20cm，表布＋厚布襯……1片
5.側身粗裁35×38cm，表布＋單膠襯棉＋厚布襯……2片
6.側身口袋（依紙型），表布＋厚布襯……各2片
7.袋口貼邊布11.5×36.5cm，表布＋厚布襯……2片
8.側身袋口貼邊布（依紙型），表布＋厚布襯……2片
9.拉鍊口布10×32cm，表布＋厚布襯……2片
10.袋蓋裡布（先染布，依紙型）……1片，燙厚布襯
11.斜布條4×250cm
12.裡布印花布36×51.5cm……1片，燙洋裁專用襯
13.裡布側身（依紙型）印花布……共2片，燙洋裁專用襯
14.一字拉鍊口袋布24×36cm……1片，燙洋裁專用襯
15.貼式口袋布28×45cm……1片，燙洋裁專用襯
16.PE底板布14×33cm……1片

作法　表袋製作

① 將軌道襯以45°角先熨燙至淺色先染布。

② 將斜布條向中心摺燙。

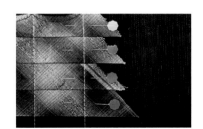

③ 運用平待針將斜布條固定於前袋身，每隔4.5cm車縫固定。

④ 運用前開式密針縫壓布腳車縫花樣固定弧度。

 縫紉機設定：縫紉機花樣Q12。

POINT

弧度特寫。

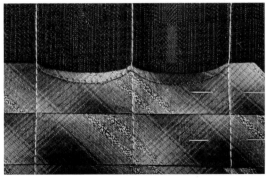

5 完成前片袋身表布，將前片＋單膠襯棉＋厚布襯，三層舖棉車縫固定，修剪尺寸為36×36㎝。

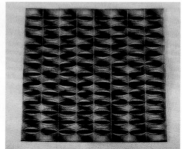

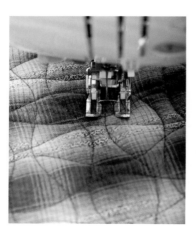

6 後片袋身表布＋單膠襯棉＋厚布襯三層舖棉，運用前開式均勻送布壓布腳車縫自由壓線。

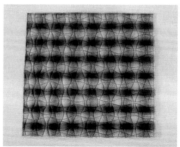

7 裁剪尺寸為36×36㎝。

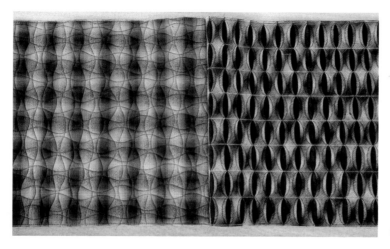

8 接縫前、後袋身。

⑨ 以捲針縫手縫，將縫份倒向兩側
　固定。

⑩ 同作法6，將側身舖棉壓裝飾線
　後，依紙型裁剪，需完成兩片。

⑪ 側身口袋布對摺車縫U字形固
　定，縫份為0.7cm。

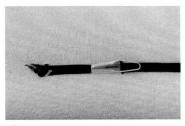

⑫ 運用18mm滾邊輔助器製作滾邊
　條。

⑬ 將側身口袋之袋口以滾邊處理。

⑭ 於口袋正面滾邊處壓0.1cm裝飾
　線。

⑮ 將側身表布與口袋車縫U字形固
　定備用。

⑯ 將袋蓋表布＋單膠襯棉＋厚布襯
　三層舖棉，降下送布齒，換裝前
　開式曲線壓布腳車縫自由曲線水
　草圖案。

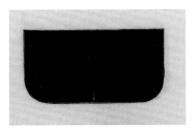

⑰ 袋蓋表布與裡布背面相對疏縫一
　圈，完成後依紙型裁剪。

18 將袋蓋四周車縫滾邊後，再手縫藏針縫。

POINT
此處捲針縫運用需將縫線稍微拉緊，以呈現裝飾性效果。

19 將袋蓋滾邊以皮革線手縫捲針縫一圈裝飾。

作法 裡袋製作

20 袋口貼邊與裡布車縫，將縫份燙開。

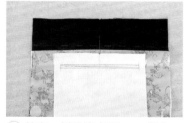

21 其中一側貼邊處下4cm，製作一字拉鍊，車縫拉鍊框一圈後剪開成雙Y字形。

22 將口袋布塞入裡布並整燙。

23 以水溶性雙面膠帶貼上拉鍊，運用拉鍊壓布腳車縫一圈。

24 將口袋布向上對摺，車縫三邊即完成。

25 貼式口袋對摺車縫，翻回正面，袋口車縫0.7cm裝飾線。

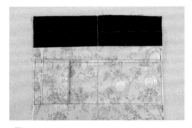

㉖ 將貼式口袋布固定於另一側貼邊下4cm，並依個人喜好車縫隔間固定。

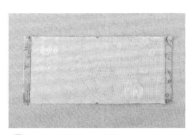

㉗ PE底板布左、右摺入1.5cm再摺1.5cm，上、下摺入1cm。

㉘ 將PE底板布固定於袋底中心，車縫上、下兩端各一道。

作法 組合

㉙ 表、裡袋身與表、裡側身分別背面相對疏縫一圈固定。

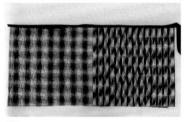

㉚ 袋身左、右側車縫滾邊。

㉛ 將側身對齊表布袋身袋底中心記號，以縫份強力夾固定。

㉜ 接縫袋身與側身，並於車縫滾邊條，完成袋身製作。

㉝ 以手縫藏針縫完成滾邊。

㉞ 車縫拉鍊口布：先染布正面相對，左、右車縫0.7cm，翻回正面整燙。

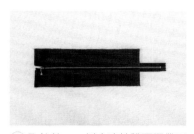

35 取拉鍊40cm以水溶性雙面膠帶固定，車縫裝飾線0.1、0.7cm各一道。

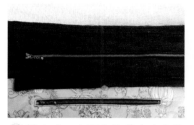

36 將完成口布固定於袋身中心位置，取斜布條車縫滾邊一圈，滾邊條於背面藏針縫。

37 以磁釦內徑作記號，降下送布齒運用前開式曲線壓布腳，沿著外圍車縫拉拉繡三至五道，以防止毛邊。

38 將內徑挖空，即可安裝轉鎖。

39 於袋蓋上相對位置製作轉鎖釦記號。

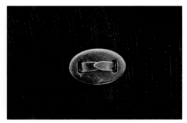

40 安裝另一側轉鎖。

41 手縫藏針縫，將袋蓋固定後袋身位置。

42 中心左、右各7cm，縫上持手。

43 手縫拉鍊裝飾片，即完成。

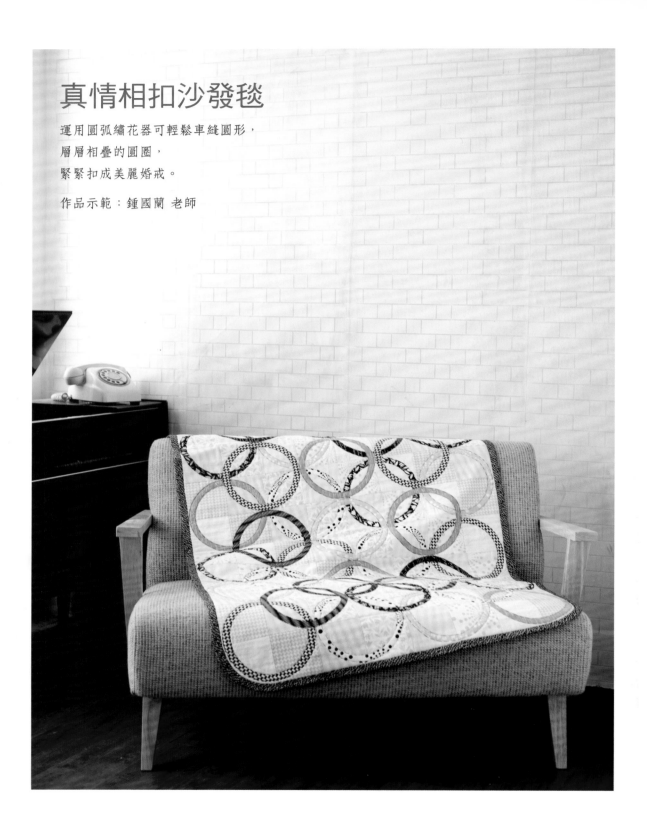

真情相扣沙發毯

運用圓弧繡花器可輕鬆車縫圓形，
層層相疊的圓圈，
緊緊扣成美麗婚戒。

作品示範：鍾國蘭 老師

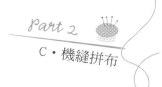

作品：約W122 X H82cm
以QC-1000製作

技 巧 重 點

圓弧繡花器運用拼布圖形
製作運用

材料準備

淺色花布5至6色1尺

深色花布10至12色各1尺

滾邊布3尺、後背布5尺

美國襯棉1包、段染光澤線

車線、刺繡專用底線

運用工具

裁切三件組、貼布繡剪刀、疏縫針線

運用壓布腳

直線縫份壓布腳（附導板）

前開式密針縫壓布腳

圓弧繡花器

裁 布 尺 寸

1.淺色花布5至6色

11.5×11.5cm⋯⋯ 96片

2.深色花布10至12色

22×22cm⋯⋯39片

作法

① 將淺色花布依序排列成8×12片
長方形，運用直線縫份壓布腳
（附導板）車縫。

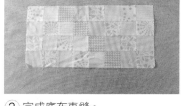

② 完成底布車縫。

POINT
美國襯棉及背布需比
表布多3cm。

③ 縫份需單、雙數排左、右錯開整
燙。

④ 將表布＋美國襯棉＋背布三層舖
棉並疏縫固定。

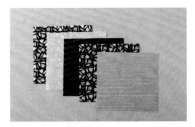

⑤ 裁深色花布22×22cm，共需39
片。

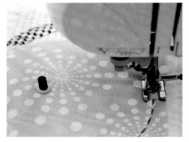

⑥ 換上圓弧繡花器搭配前開式密針
縫壓布腳，運用段染光澤線將深
色花布車縫於表布上，外圈尺寸
設定為半徑10。

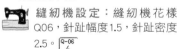
縫紉機設定：縫紉機花樣
Q06，針趾幅度1.5，針趾密度
2.5。

⑦ 車縫內圈，尺寸設定為半徑8。

⑧ 運用貼布繡小剪刀，沿著車縫邊
緣小心裁剪內、外圈多於布料，
完成第一個圓圈。

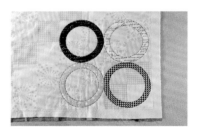

⑨ 依步驟6至8，製作第一層圓圈，
共需完成24個。

⑩ 依相同方法完成第二層車縫，共
需完成15個圈。

⑪ 完成表袋製作。

⑫ 將四角襯棉縫份依圓弧修剪為1.5cm。

⑬ 取6×450cm斜布條製作滾邊布,將沙發毯四周滾邊。

⑭ 以縫紉機花樣車縫滾邊,完成。

 縫紉機設定:縫紉機花樣Q12。

只要車縫圓形花樣或是拼布圖形,
皆可使用圓弧繡花器輕鬆完成唷!

優雅花籃提袋

作品示範：陳玉玲 老師

運用皺褶壓布腳製作的花朵，
靜靜的在提袋上盛開，
以立體編織效果的花籃襯托，
看起來不僅優雅更是氣質滿分。

優雅花籃提袋

作品：W39×H29×D11.5cm
紙型：原寸紙型A面
以QC-1000製作

技 巧 重 點

＊使用波紋壓布腳壓線
＊立體花製作
＊編織製作

材料準備

配色布11色各1尺、先染布1尺、車線
裡布3尺、袋物專用襯3尺、持手1組
薄布襯3尺、單膠襯棉1包
拉鍊皮片1組、持手連接絆1組
P.P包釦（大）1個、P.P包釦（中）2個
皮革線、繡線
拉鍊20cm、30cm各一條、穿帶器

運用工具

裁切三件組、布剪、線剪、記號筆
珠針、強力夾、拆線器、皮革針
尖錐、12mm／18mm滾邊輔助器

運用壓布腳

導縫壓布腳
前開式密針縫壓布腳7mm
均勻送布壓布腳
可調式拉鍊壓布腳
前開式曲線壓布腳
波紋壓線壓布腳

裁 布 尺 寸

1. 配色布（依紙型）（a至e）外加縫份0.7cm……各2片
   袋口滾邊4×90cm斜布條……1條
2. 配色布（編織）4×110cm3色……各2條
   編織籃滾邊2.5×55cm斜布條……1條
3. 葉片：（大）左、右……各3片、（小）左、右……各2片
4. 口布4.5×24……2片（先染布），燙薄布襯
5. 花朵粉色裁6×55cm…1條、6×45cm……2條
   花朵白色裁6×30cm……2條（斜布條）
6. 花心圓形5cm……1片、圓形4cm……2片
7. 先染布側身（依紙型）……1片
8. 先染布貼邊（依紙型）……2片，燙薄布襯
9. 裡袋身……2片，燙薄布襯
10. 裡袋側身……1片，燙薄布襯
11. 裡袋一字拉鍊口袋24×32……1片，燙薄布襯
12. 裡袋貼式口袋28×30cm……1片，燙薄布襯
13. 裡布口布4.5×24cm……2片，燙薄布襯

作法　表袋製作

① 配色布a至e接合。

② 將表布＋襯棉＋袋物專用襯依紙
型剪裁。

③ 運用波紋壓線壓布腳三層壓線。

④ 完成表布。

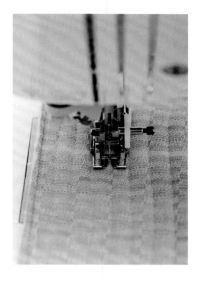

⑤ 將側身布＋襯棉＋袋物專用襯，
運用均勻送布壓布腳三層壓線。

作法 **編織花籃**

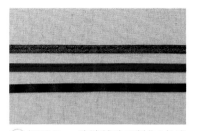

⑥ 裁剪一塊15×20cm洋裁專用襯，
依紙型描繪花籃造型與45°記
號。

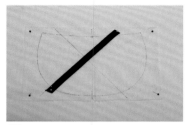

⑦ 運用18mm滾邊輔助器製作3色滾
邊條，並以導縫壓布腳於滾邊條
邊緣壓0.2cm裝飾線。

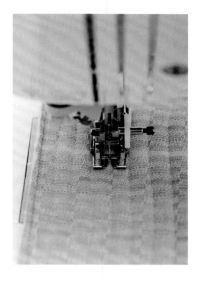

⑧ 將滾邊條放置於紙型上。

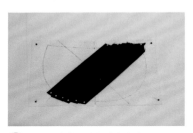

⑨ 沿著45°依序排列滾邊條。

⑩ 反方向以相同方式製作，完成編織面。

⑪ 將四周疏縫後，依紙型剪下。

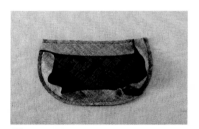

⑫ 運用12mm滾邊輔助器製作滾邊條，並車縫四周滾邊，縫份為0.5cm。

轉角處車縫

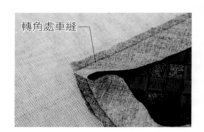

POINT
滾邊條頭、尾需重疊1cm。

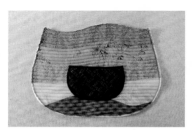

⑬ 將花籃紙型描繪於表袋身。

⑭ 將滾邊後的花籃以落機縫的方式固定於表袋身。

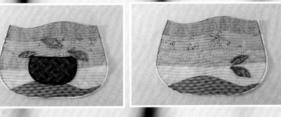

⑮ 表布兩片正面相對，加上襯棉後，車縫兩側留一返口。

⑯ 翻至正面。

⑱ 製作前片葉片三片（兩大一小）。

⑲ 製作後片葉片兩片（一大一小）。

⑰ 運用前開式曲線壓布腳車縫葉脈，將葉片固定於袋身上。

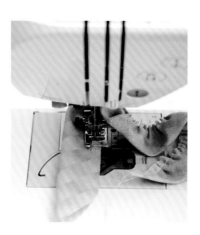

作法 製作花朵

⑳ 將花朵布對摺並修剪尾端弧度。

㉑ 運用縫紉機線張力於開口處抽縐,線頭須留長一些,以便調整長度。

縫紉機設定:上線張力7至8,針趾密度5.0。

㉒ 將花朵以前開式密針縫壓布腳固定於袋身上。

㉓ 共完成前片兩朵,後片一朵。

㉔ 製作包釦。

㉕ 將包釦以藏針縫固定於花心位置。

㉖ 組合表袋與側身，圓弧處需剪牙口。

㉗ 完成表袋身。

作法　製作裡袋

㉘ 於裡袋一側下方5cm製作一字拉鍊口袋，車縫拉鍊口20×1cm一圈並剪開如雙Y字形。

㉙ 將口袋布塞入裡布並整燙。

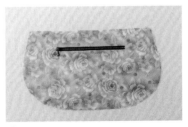

㉚ 運用水溶性雙面接著膠帶黏貼拉鍊，並運用可調式拉鍊壓布腳車縫袋口一圈。

㉛ 將口袋布向上摺起車縫三邊，完成。

㉜ 將貼式口袋布對摺車縫三邊，並留一返口。

㉝ 翻回正面後，運用導縫壓布腳於袋口壓0.2cm裝飾線。

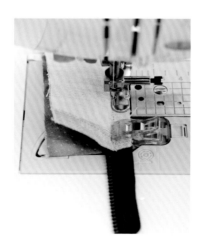

34 將口袋固定於裡布另一側袋口下
5cm，依個人喜好車縫隔間。

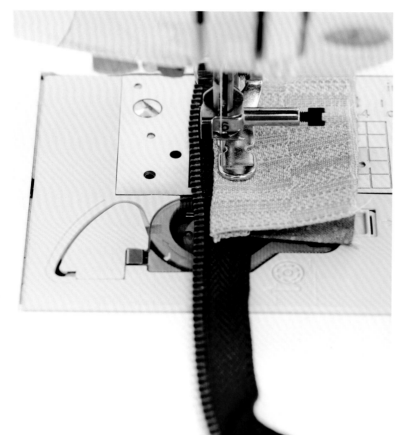

35 將口布表、裡正面相對，運用水
溶性雙面接著膠帶黏貼於拉鍊兩
側，並夾車。

36 運用可調式拉鍊壓布腳，於正面
壓0.2cm裝飾線。

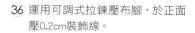

37 貼邊、口布與裡袋夾車。

38 側身貼邊與側身接縫，縫份倒向
貼邊，於正面壓0.2cm裝飾線。

㊴ 裡袋與側身組合。

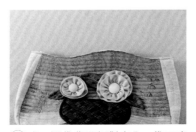

㊵ 表、裡袋背面相對套入，袋口疏
　縫一圈。

㊶ 運用18mm滾邊輔助器製作滾邊
　條。

㊷ 於袋口車縫滾邊，反面以藏針縫
　手縫固定。

㊸ 縫上持手與連接絆。

㊹ 手縫拉鍊尾端裝飾皮片，完成。

荷蘭鬱金香提袋

作品示範：李潔萍 老師

運用前開式曲線壓布腳細細勾勒，
雲朵、小草與美麗的鬱金香
彷彿被速寫於布料上，
透過華麗的風景式拼布，
將記憶中的美景從此留存。

荷蘭鬱金香提袋

作品：W33×H35×D12.5cm
圖案：原寸紙型A面
以QC-1000製作

技 巧 重 點

＊以抽象化將布條
自由曲線剪裁配色
運用前開式曲線壓布腳及
樞軸功能自由壓線
側身口袋的運用

材料準備

黑色素色布4尺、裡布3尺、厚布襯1碼
洋裁專用襯1碼、黑色網紗2尺
蠟染雲彩布1組（約20色）、持手1組
水溶性雙面接著膠帶、拉鍊皮套-黑
40cm拉鍊1條、20cm拉鍊1條
PE底板1片、布用複寫紙、骨筆
袋物專用襯（厚）1包

運用工具

裁切三件組、大剪刀、小剪刀、指套
直尺、珠針、尖錐、粉式記號筆
手縫針、布用口紅膠、縫份強力夾

運用壓布腳

串珠壓布腳
前開式均勻壓布腳
前開式曲線壓布腳
可調式拉鍊壓布腳
直線壓線壓布腳

裁 布 尺 寸

表布
1.後袋身粗裁38×40cm，表布＋單膠襯棉＋袋物專用襯……1片
2.側身粗裁17×110cm，表布＋單膠襯棉＋袋物專用襯……2片
3.側身口袋布17×52cm，表布＋單膠襯棉＋袋物專用襯……2片
4.包繩布3×225cm（斜紋布）
5.滾邊布4×150cm（斜紋布）
6.拉鍊口布10×35cm，燙厚布襯……2片

裡布
1.前後袋身36×38cm……2片，燙厚布襯
2.側身15×106cm……1片，燙厚布襯
3.側身口袋15×20cm……2片，燙厚布襯
4.一字拉鍊口袋布24×40cm……1片，燙洋裁專用襯
5.貼式口袋布30×38cm……1片，燙洋裁專用襯
6.袋底PE底板布15×33cm……1片

作法　表袋製作

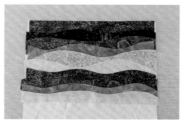

① 取洋裁專用襯40×42cm一片，由天空部分開始製作，依喜好自由剪裁，弧度一片片由上而下覆蓋至2/3處。

② 草原與天空相同，由上而下覆蓋布料（布料深淺可自由創作）。

③ 依紙型剪下樹、樹幹、花瓣、葉子、房子……等，可自由配色，並以布用口紅膠依紙型固定於相對位置。

④ 取單膠襯棉+袋物專用襯完成圖案表布，三層固定。

⑤ 裁剪兩片黑色格網，疏縫覆蓋於表布。

⑥ 運用前開式曲線壓布腳，自由車縫雲朵，並以直線壓線壓布腳車縫拉拉繡或水草圖型。

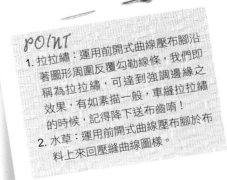

POINT

1. 拉拉繡：運用前開式曲線壓布腳沿著圖形周圍反覆勾勒線條，我們即稱為拉拉繡，可達到強調邊緣之效果，有如素描一般，車縫拉拉繡的時候，記得降下送布齒唷！

2. 水草：運用前開式曲線壓布腳於布料上來回壓縫曲線圖樣。

⑦ 疏縫固定後，取完成圖36×38cm
一片。

POINT
車縫後的表袋身背面
樣貌。

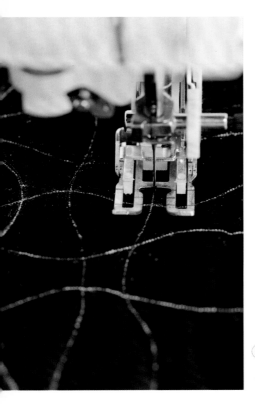

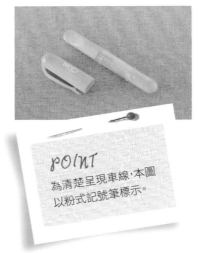

POINT
為清楚呈現車線，本圖
以粉式記號筆標示。

⑨ 完成後，裁剪為36×38cm一片。

⑧ 以前開式均勻送布壓
布腳將後片袋身三層
舖棉壓線。

⑩ 側身及口袋同步驟8相同，裁剪
為15×20cm共兩片、15×106cm
一片。

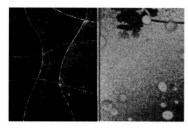

⑪ 將側身口袋表布與裡布背面相對車縫一道，縫份倒向裡布，並壓線0.1cm，左右固定。

⑫ 袋口滾邊處理，壓0.1cm裝飾線，共完成左、右各一個側身口袋。

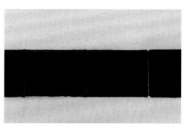

⑬ 由中心點往左、右各20cm作一記號，車縫Q12花樣，將口袋固定於袋底。

⑭ 先以串珠縫壓布腳製作包繩，亦可換裝可調式拉鍊壓布腳（如圖）將包繩車縫於袋身下2.5cm一圈。

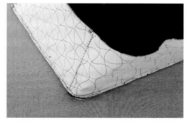

⑮ 將袋身底邊與側身中心點固定完成，車縫一圈。

POINT
袋身底角兩側角度修成圓弧狀，以利轉角，轉角處需剪牙口。

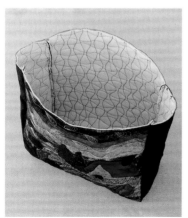

⑯ 完成表袋身，縫份倒向袋身，並以捲針縫手縫固定。

⑯ 裡布袋口下12cm製作一字拉鍊口袋，拉鍊開口剪開成雙Y字型。

⑰ 將口袋布塞入裡布並整燙。

⑱ 以水溶性雙面膠帶貼上拉鍊，並車縫一圈。

⑲ 口袋布對摺車縫三邊後，於正面整燙即完成。

⑳ 將貼式口袋布對摺車縫，翻至正面後於上方壓0.7cm裝飾線。

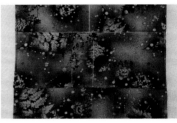

㉑ 將貼式口袋固定於另一側裡布袋口下12cm，並依個人喜好車縫隔間。

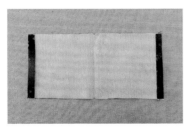

㉒ 袋底PE底板布左、右摺燙1.5cm，並於正面壓0.7cm裝飾線。

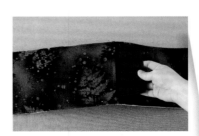

㉓ 將PE底板布車縫於袋底中心。（適用之PE底板尺寸為12×31cm）

POINT
製作可抽取式的PE底板使用更便利。

作法 組合

㉔ 組合完成裡布袋身。（為使畫面清楚呈現，部份布襯以白色作為示範）

㉕ 將拉鍊口布對摺，於左、右車縫0.7cm，翻至正面整燙。

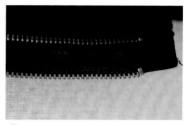

㉖ 運用水溶性雙面接著膠帶固定拉鍊，並於正面車縫0.1、0.7cm裝飾線各一道。

㉗ 表、裡背面相對套入，以縫份強力夾固定一圈。

㉘ 袋口疏縫一圈，並將拉鍊口布對齊袋身中心點疏縫固定。

㉙ 袋口車縫一圈滾邊後，背面手縫藏針縫。

㉚ 由中心向左、右各8cm，手縫固定持手。

㉛ 手縫拉鍊尾端裝飾片即完成。

醉漢之路的奇想

運用圓弧繡花器製作的醉漢之路，
不僅快速更是不易失敗，
蠟染布料的色彩多變，
透過組合散發了濃濃的南洋風情。

作品示範：鍾國蘭 老師

作品：W70×H70cm
建議以QC-1000製作

技 巧 重 點

＊圓弧繡花器運用
＊雙針運用

材料準備

蠟染配色布18至20色各0.5尺
邊條布1尺、滾邊布1尺
後背布4尺、日本雙膠襯棉1包
刺繡專用底線、蠟蕊線
4mm彩繪玻璃邊、段染線、車線

運用工具

圓弧剪刀、6mm滾邊輔助器
曲線製圖板、雙針

運用壓布腳

圓弧繡花器
裝飾帶壓布腳
三孔裝飾線壓布腳
前開式均勻送布壓布腳

裁 布 尺 寸

A 配色布14 X 14cm……10色各3片
B 配色布24 X 24cm……6色各1片
C 配色布14 X 14cm……2色各5片
　窗框布條12 X 50cm……8條
　邊條布10 X 50cm……4片
　滾邊布4.5 X 300cm……1條
日本雙膠襯棉72 X 72cm……1片
後背布72 X 72cm……1片

作法

① 將配色布A、B、C分別兩色為一
　組，正面朝上重疊放置，並畫出
　中心點。

② 安裝圓弧繡花器，車縫半徑
　3.5cm（配色布A、C）及6.5cm
　（配色布B）之圓形。

③ 運用圓弧剪刀修剪上層布片成圓
　形。

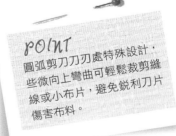

POINT
圓弧剪刀刀刃處特殊設計，
些微向上彎曲可輕鬆裁剪縫
線或小布片，避免銳利刀片
傷害布料。

④ 將完成的A配色布分別裁切成
5×5cm共60片，B配色布
10×10cm共12片，C配色布
5×5cm共20片。

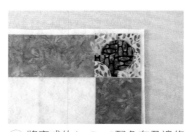

⑤ 將完成的A、B、C配色布及邊條
布依圖形排列，熨燙於日本雙膠
襯棉，並加上後背布。

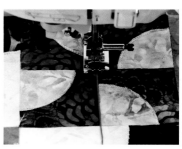

⑥ 換上三孔裝飾線壓布腳，並於中
間裝飾孔放入蠟蕊線一條，車縫
於A、C配色布之十字交叉處。

縫紉機設定：縫紉機花樣
2-07，針趾幅度2.0至2.5，針
趾長度1.6。

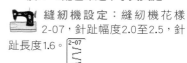

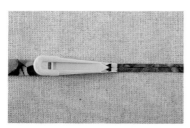

⑦ 將窗框布條運用6mm滾邊輔助器
熨燙完成。

⑧ 換上裝飾帶壓布腳將窗框布條車
縫於A、B配色布之交接處。

縫紉機設定：縫紉機花樣
1-13，針趾幅度6.5至7，針趾
長度1.8至2.0。

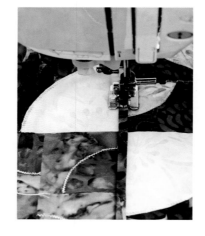

⑨ 同上作法將4mm彩繪玻璃邊條車
縫於邊條布與中心表布交接處。

縫紉機設定：縫紉機花樣
2-07，針趾長度5.5至6.0，針
趾密度2.0。

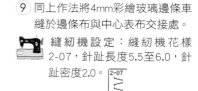

POINT
玻璃彩繪邊條，背後已有
雙面膠條，使用便利。

POINT

曲線製圖板：拼布圖形之曲線製圖。特殊弧形版型設計輕易繪出切割拼布之弧線或圓弧紙型。

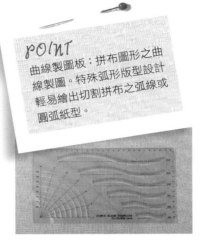

⑩ 運用曲線製圖板R70弧度，於邊條布上繪製曲線。

⑪ 繪製曲線完成。

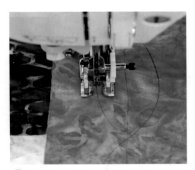

⑬ 修剪四周襯棉取滾邊布由背面車縫。

⑭ 翻至正面。

⑫ 換上雙針，以前開式均勻送布壓布腳搭配段染光澤線車縫曲線。

 縫紉機設定：縫紉機花樣 1-04。

POINT

轉角處須依圖示摺燙。

⑮ 於正面將滾邊以貼布縫花樣車縫完成。

縫紉機設定：縫紉機花樣 1-34，選取鏡像功能。

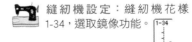

⑯ 完成。

日本拼布名師——斉藤謠子

★個人第一本在台製作、取景、拍攝、企劃……

特別獻給台灣讀者的 25 個拼布設計包

深受世界各地拼布迷喜愛的日本人氣拼布名師——斉藤謠子，首度與海外出版團隊合作，在台製作特別獻給台灣讀者的 25 個全新拼布設計包強勢襲台！

《斉藤謠子の Elegant Bag Style.25：職人特選實用拼布包》收錄 25 款專為台灣讀者量身訂作的拼布設計包，無論是斉藤老師最經典的貼布縫圖案、傳統圖形拼接、充滿時尚感的布花裝飾、細緻的壓線技巧風格、可愛的刺繡搭配設計、使用皮革製作簡易提把等，斉藤老師將她最喜愛的創作功都融入這 25 件作品，本書收錄部分作法分解示範、技巧說明、基礎縫法、繪圖作法及兩大張紙型，書中並加入本次台日合作的製作花絮、作者特別專訪、Quilt Party 工作室採訪、斉藤老師愛用布包分享等單元，要讓您更加了解斉藤老師的創作小祕密，身為斉藤流粉的您，千萬不可錯過！

斉藤謠子の Elegant Bag Style.25
職人特選實用拼布包
斉藤謠子◎著
平裝／136 頁／21×26cm
彩色＋雙色／定價 580 元

國家圖書館出版品預行編目(CIP)資料

全圖解－新手&達人必備：壓布腳縫紉全書／
全臺最大縫紉才藝中心－臺灣喜佳公司著．
-- 二版. -- 新北市：雅書堂文化, 2016.01
　面；　公分. -- (Fun手作；72)
　ISBN　978-986-302-284-8 (平裝)
　1.縫紉

426.3　　　　　　　　　　104027059

【Fun手作】72

全圖解 新手&達人必備
壓布腳縫紉全書（暢銷版）

作　　　者／全臺最大縫紉才藝中心──臺灣喜佳公司
發 行 人／詹慶和
總 編 輯／蔡麗玲
專案執行／李盈儀
執行編輯／劉蕙寧
編　　　輯／蔡毓玲・黃璟安・陳姿伶・白宜平・李佳穎
執行美編／陳麗娜
美術編輯／周盈汝・翟秀美・韓欣恬
攝　　　影／數位美學　賴光煜
紙型繪製／造極
出 版 者／雅書堂文化事業有限公司
郵撥帳號／18225950　戶名：雅書堂文化事業有限公司
地　　　址／新北市板橋區板新路206號3樓
網　　　址／www.elegantbooks.com.tw
電子郵件／elegant.books@msa.hinet.net
電　　　話／(02)8952-4078
傳　　　真／(02)8952-4084

2016年01月二版一刷　定價／580元

總經銷／朝日文化事業有限公司
進退貨地址／新北市中和區橋安街15巷1號7樓
電話／（02）2249-7714
傳真／（02）2249-8715

從簡單洋裁×袋物×拼布
學會30款壓布腳操作技巧

從簡單洋裁╳袋物╳拼布

學會30款壓布腳操作技巧